W
HAMBURGER GEOGRAPHISCHE STUDIEN

Herausgegeben von Albert Kolb, Erich Otremba, Wilhelm Brünger.
Schriftleitung Wilhelm Brünger

Heft 8

DIE GEOGRAPHISCHEN GRUNDLAGEN DES OBSTBAUES IM GEBIET DER HASELDORFER UND SEESTERMÜHER MARSCH

unter besonderer Berücksichtigung
klimatologischer und bodenkundlicher Untersuchungen

von

GÜNTER BORCHERT

Hamburg 1957

Im Selbstverlag
des Instituts für Geographie und Wirtschaftsgeographie
der Universität Hamburg

Die Abhandlung wurde am 25. Februar 1953 von der Math.-Naturwissenschaftlichen Fakultät der Universität Hamburg unter dem Dekanat von Prof. Dr. Kollmann auf Antrag von Prof. Dr. Brünger als Dissertation angenommen.

VORWORT

Die vorliegende Arbeit über den Obstbau an der Unterelbe ging aus Voruntersuchungen über die Wasserführung des Bodens in Abhängigkeit von Klima, Bodenstruktur und Vegetationsbedeckung hervor und wurde von Herrn Prof. Dr. W. Brünger vom Geographischen Institut der Universität Hamburg vergeben. Wenn auch eine genaue Kenntnis des Raumes vorlag, so waren die notwendigen Erhebungen erst durch das Entgegenkommen möglich, das mir von vielen Stellen zuteil wurde.

Mein Dank gilt Herrn Prof. Dr Remy, der mir im Chemischen Staatsinstitut wichtige Untersuchungen ermöglichte, wie auch Herrn Oberregierungsrat Dr. Dammann vom Deutschen Wetterdienst Hamburg, der regen Anteil an der Arbeit nahm und manche Anregung gab. Herr Oberregierungsrat Dr. Baumbach stellte mir dankenswerterweise die benötigten Instrumente zur Verfügung, wodurch die Einrichtung einer Klimastation ermöglicht wurde, die in gewissenhafter und aufopferungsvoller Arbeit von Angehörigen der Familie Nienburg, Schadendorf, betreut wurde. Reges Interesse an der Fertigstellung der Arbeit zeigte auch Herr Dr. Loewel, Leiter der Obstbauversuchsanstalt des Alten Landes, dem ich wertvolle Hinweise verdanke. Ebenfalls machte mir Herr Sebbel, Obstbauinspektor des Obstbauberatungsringes Seestermühe, wichtige Mitteilungen und stellte mir ein umfangreiches Material zur Verfügung. Schließlich sei noch Herr Groß, Mechaniker im Chemischen Staatsinstitut, erwähnt, der den benötigten Erdbohrer herstellte.

Mein besonderer Dank gilt aber Herrn Prof. Dr. W. Brünger, der in steter Anteilnahme den Fortgang der Arbeit verfolgte und immer wieder auf die Notwendigkeit exakter naturwissenschaftlicher Erhebungen als Grundlage einer Raumforschung hinwies.

INHALTSÜBERSICHT

A. EINFÜHRENDE BETRACHTUNGEN

1. Aufgabenstellung und methodische Erörterungen

Das Thema „Die Grundlagen des Obstbaues im Gebiet der Haseldorfer und Seestermüher Marsch" kann sowohl eine Bearbeitung von einem Bodenkundler, Biologen oder Meteorologen als auch von einem Volkswirt oder Historiker erfahren. Ausgehend von jeweils anderen Aspekten, wird das Forschungsobjekt und damit auch das Forschungsergebnis unterschiedlich sein, und so hat ebenfalls die Arbeit vom Standpunkt geographischer Betrachtungen aus eine spezielle, fest umrissene Zielsetzung.

Die Geographie als die Wissenschaft vom Raum hat einerseits die Aufgabe, die Einzelerscheinungen der Erdoberfläche einer vergleichenden Betrachtung zu unterziehen, andererseits eine Beschreibung der Erde in übergreifender und regionaler Form zu geben und darüber hinaus aus den Gegebenheiten der Landschaft die Kräfte und Zusammenhänge aufzuzeigen, die zur Ausbildung des heutigen Landschaftsbildes beigetragen haben.

Wenn die Geographie als Länderkunde bis in die neuere Zeit dabei ihren ideographischen Charakter bewahrte, so ist das zum großen Teil auf die ungeheure Aufgabe zurückzuführen, die in der Beschreibung der Erdräume lag. Kleinräumige Darstellungen der letzten Jahre zeigen aber mehr und mehr auch auf länderkundlichem Gebiet den Übergang zu einer nomothetischen, also ursächlichen Betrachtungsweise, wie es schon in dem Vorwort der Arbeit von E. Fick (L. 39, Vorwort) von den Herausgebern der Hamburger Geographischen Studien zum Ausdruck gebracht wird: „Nachdem die Erde in großen Zügen bekannt ist, gleitet die einführende, übersichtliche Beschreibung neuentdeckter Länder mit neu aufbrechenden Problemen schon länger über in intensivere Durchforschung kleinerer Erdräume, wie das bei fortschreitender, vertiefter Differenzierung sinngemäß in allen Wissenschaften der natürliche Gang ist."

In diesem Sinne soll auch die vorliegende Arbeit ein Beitrag zur Intensivforschung auf länderkundlichem Gebiet sein. Ausgehend von den Raumgegebenheiten, soll der Obstbau als landschaftliche Erscheinung einer Untersuchung unterzogen werden. Wenn kleinklimatologische und bodenkundliche Fragen eine eingehende Behandlung erfahren, so wird damit der Rahmen einer geographischen Betrachtungsweise auch dann nicht gesprengt, wenn dabei die Untersuchungsmethoden und Forschungsrichtungen der heute schon gesonderten Disziplinen verfolgt werden; denn wo es sich um das Aufeinanderwirken der verschiedensten Faktoren in einer Landschaft handelt, haben wir einen ursprünglichen, raumgebundenen, geographischen Ursachenkomplex vor uns, und daher ist dieses Arbeitsgebiet für die geographische Forschung unbedingt notwendig. Es sollten kleinklimatologische Fragen von seiten der Geographie aus diesem Grunde viel mehr Beachtung erfahren, weil hier morphologische, bodenkundliche, vegetationsmäßige und klimatologische Zusammenhänge in enger Wechselbeziehung stehen, und somit die Gesamtheit der Erscheinungen der Erdoberfläche auf kleinstem Raum eine letzte Erklärung erfährt. Um den Anforderungen der Praxis gerecht zu werden, ist dieses Forschungsgebiet dagegen hauptsächlich von den meteorologischen Ämtern aufgegriffen worden. Zu diesem Zweck führen die agrarmeteorologischen Abteilungen z. T. auch schon laufende Bodenfeuchtebestimmungen durch, wie sie zur Abrundung des Gesamtbildes im Rahmen dieser Arbeit ebenfalls notwendig waren. Diese doch eigentlich in den Bereich der Bodenkunde gehörenden Untersuchungen wurden von seiten der Agrarmeteorologie seit 1948 in methodischer Hinsicht beachtlich vorangetrieben, doch möchte ich mich mit diesen speziellen Aufgabenstellungen, Untersuchungsmethoden und methodischen Erörterungen jeweils an gegebener Stelle im Laufe der vorliegenden Arbeit auseinandersetzen.

Ermöglichen diese Erhebungen einem Georgraphen Aussagen nicht nur in qualitativer, sondern auch in quantitativer Hinsicht zu machen, so muß man sich aber immer vor Augen halten, daß diese Ergebnisse vorerst nur für diesen Einzelfall Gültigkeit haben und daß eine Parallelisierung und Verallgemeinerung stets die Gefahr einer Ungenauigkeit tragen müssen, falls es nicht gelingen sollte, die Vielfalt der aufeinander wirkenden Faktoren in einer Landschaft in einzelne Gesetzmäßigkeiten aufzulösen, um somit dann „nach Gewinnung neuer Übersicht und allgemeingültiger Gesetze oder Regelmäßigkeiten vielleicht neue vertiefte Erkenntnisse von allgemeingültigen Sachzusammenhängen und damit zukünftige Planungen zu ermöglichen" (L. 39, Vorwort). Bis dahin ist es notwendig, in vielen Einzeluntersuchungen die Forschung voranzutreiben wie auch den Planungen eine auf exakten Erhebungen basierende Grundlage zu geben. Dabei wird man aber zu berücksichtigen haben, daß wohl im Bereich der naturgeographischen Forschungsrichtung Gesetzmäßigkeiten und Regelfälle vorliegen, und daß wir im Rahmen der Intensivforschung auch zu weiteren Einzelerkenntnissen allgemeiner Art kommen können, daß aber die menschliche Gestaltungskraft innerhalb einer Landschaft niemals quantitativ erfaßt werden kann. Die Landschaft als ein Ganzes erfordert aber stets eine ganzheitliche Betrachtung, so daß auch in dieser Arbeit natur- und kulturgeographische Fragen gemeinsam behandelt werden müssen. Damit erlangen die Ergebnisse aber wiederum nur Gültigkeit für diesen speziellen Fall, und erst wenn alle Bedingungen und Voraussetzungen gleich sind, können diese Erkenntnisse auf einen anderen Raum übertragen werden. Bei einer solchen intensiveren Bearbeitung einer Landschaft verschiebt sich somit nicht die Forschungsrichtung, sondern es ändert sich nur die Forschungsmethode, indem sich das Schwergewicht, ausgehend von exakten Erhebungen, auf die Herausarbeitung ursächlicher Zusammenhänge verlagert. Einer derartigen länderkundlichen Abhandlung muß so auch weiterhin eine Beschreibung der Landschaft vorausgehen, bevor die Darlegung der Meßergebnisse und der ursächlichen Zusammenhänge erfolgen kann.

2. Lage im großen, Abgrenzung des Raumes und Beschreibung der Landschaft

Die Haseldorfer und Seestermüher Marsch ist ein Teil jenes Küstensaumes, der sich von der Westerschelde bis zum Lim-Fjord entlang der Küste der Nordsee erstreckt und sich die Flüsse aufwärts im Einflußbereich von Ebbe und Flut gebildet hat. In jahrhundertelanger Eindeichungs- und Entwässerungsarbeit hat der Mensch dieses ursprüngliche Wattenland einer täglich zweimaligen Überflutung entrissen. Als Teillandschaften eines weiten, fruchtbaren Küstenstriches nehmen diese beiden Gebiete durch ihre Lage gewissermaßen eine Sonderstellung ein. Nicht als Seemarschen in exponierter Lage zum Meer, sondern als geschützte Flußmarschen bilden sie unterhalb Hamburgs in unmittelbarer Nähe dieser Großstadt die ersten Glieder der rechtselbischen Marschen.

Dort, wo die wartheeiszeitlichen Blankeneser Höhenzüge sich nach Westen abflachen und der Geestrand nach Norden umbiegt, beginnen die von Gräben durchzogenen, weiten Flächen der Holsteinischen Elbmarsch. Die von der Geest herabkommenden Flüsse Pinnau, Krückau und Stör gliedern diesen natürlichen Landschaftsraum in Haseldorfer, Seestermüher, Kremper und Wilster Marsch.

Krückau und Elbe begrenzen nach Norden, Westen und Süden das in dieser Arbeit behandelte Untersuchungsgebiet, das zwischen Wedel und Elmshorn wie ein Dreieck der Geestkante vorgelagert ist, die im Osten eine natürliche Grenzzone zwischen Marsch und Geest bildet. Eine gesonderte Behandlung dieses Raumes ist insofern gerechtfertigt, als sich hier ein Obstbau entwickelt hat, der in zahlreichen bäuerlichen Betrieben gleichberechtigt neben der Ackerwirtschaft und Viehhaltung steht. Damit hat sich gegenüber den anderen Elbmarschen zugleich aber eine Wandlung der Wirtschaftsstruktur als auch des Landschaftsbildes vollzogen. Zeigen sich gleiche Formenelemente auch noch in den Gemeinden Raa-Besenbek, Klein Kollmar und Neuendorf, so wurde die Untersuchung doch nur auf das Gebiet bis zur Krückau beschränkt, auf eine natürliche abgegrenzte Teillandschaft. Bei einer allmählichen Änderung der Grundlagen in der Kremper Marsch und einem langsamen Zurücktreten des Obstbaues stellt das Gebiet nördlich der Krückau eine Übergangszone dar, in der eine Abgrenzung nicht möglich gewesen wäre. Immerhin gelten für den unmittelbaren Flußsaum nördlich der Krückau sinngemäß die gleichen, in dieser Arbeit dargelegten Tatbestände, wie auch aus einer Karte der bäuerlichen Obstbaubetriebe Schleswig-Holsteins die Geschlossenheit des rechtselbischen Obstbaugebietes hervorgeht. Zugleich wird aus dieser Karte ersichtlich, daß das Schwergewicht der Obsterzeugung Schleswig-Holsteins in diesem Marschraum liegt.

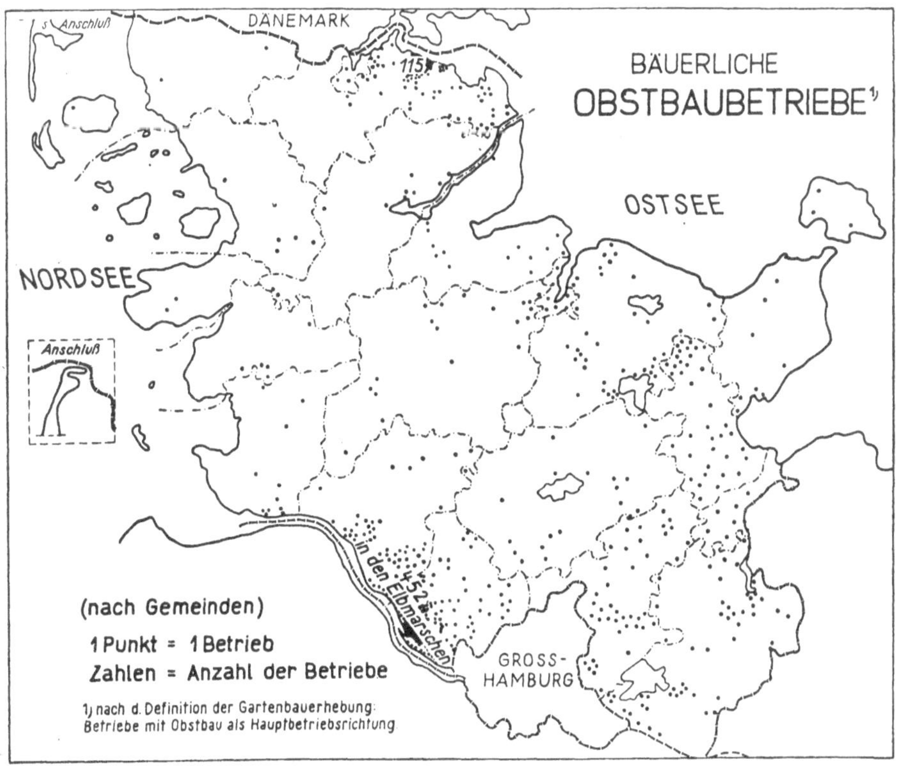

Abb. 1 (L. 211, Statistik von Schleswig-Holstein, Heft 7, S. 7).

Je nach dem Beobachtungsstandpunkt, den ein Betrachter wählt, wird er ein anderes Bild dieser Marschenlandschaft gewinnen, von der Geestkante ein anderes als von den Elbdeichen. Vom Geestabhang überschaut man die in Gras liegende, dem Geestrand vorgelagerte Randmoorsenke. Beiderseits der Pinnau und Krückau fehlt dieses Niederungsgebiet, und es treten hier Landschafts- und Flurformen auf, wie man sie auch binnendeichs an der Elbe vorfindet. Zum Strom hin hat dort der Beschauer die Außendeichsländereien mit ihren Schilf- und Korbweidenbeständen und den von Mai bis November beweideten Grasflächen vor sich, und nur einige Ackerstücke unterbrechen in der Nähe des Deiches und auf der Hetlinger Schanze die Gleichförmigkeit. Im Bereich der Haseldorfer Binnenelbe und den Rethschallen vor der Seestermüher Marsch läßt sich das Ufer der Elbe nur schwer festlegen. Große Schlickgebiete fallen hier bei jeder Ebbe trocken; läuft dagegen das Wasser nur etwas höher auf, so werden ausgedehnte Flächen in das Strombett einbezogen.

Binnendeichs treten die langen Ackerstücke und die dazwischenliegenden, mit Reth durchwucherten Gräben hervor. Gelb leuchten im Frühjahr die Rapsfelder, während im Frühsommer ein vielfältiges Mosaik durch das Nebeneinander von reifem Raps, von Gerste, Roggen, Weizen, Hafer, Bohnen und Rüben entsteht. Nach der Ernte im Herbst lenken die wie herausgeschnitten aus dem Klei wirkenden Ackerschollen das Auge des Betrachters auf sich, soweit nicht schon das Grün der neuen Saat und einzelner Viehweiden das Grau-schwarz des fetten Bodens unterbricht. Man kann aber nicht ungehindert dieses weite Niederungsgebiet überschauen, denn überall wird der Blick gefangen durch kleinere und größere Obstbaumanpflanzungen, die im Frühjahr in ein einziges Blütenmeer getaucht sind und im Sommer wie ein geschlossenes Gehölz wirken; ihre regelmäßige, lockere Baumanordnung wird im Herbst und Winter deutlich. Meist werden diese Obstplantagen an der zur Hauptwindrichtung exponierten Seite vom Schutzholz überragt. Schwarzerlen, seltener Weiden oder Pappeln stehen an den Gräben und sollen den Hauptwinddruck abfangen. Mit ihrer geschlossenen vertikalen Front durchbrechen sie in ihrer silhouettenhaften Wirkung die horizontale Linie dieser Marschenlandschaft.

In auffälliger Weise sind die mit Obstbäumen bestandenen Flächen in ihrer Lage an gute Zugangsmöglichkeiten gebunden, und so läßt sich an den Straßen und Hauptwegen eine Verdichtung des Baumbestandes feststellen. Dabei sind meist jene kurzen Ackerstücke bepflanzt worden, die zwischen den einzelnen Gehöften an der Straße und den Häusern der Gewerbetreibenden in den geschlossenen Dörfern einen Ackerbau nicht lohnen. Auch abseits von den Gehöften wurden von den Bauern jene kurzen Stücke zuerst aufgepflanzt, bei denen durch die Lage der Gräben ein Pflügen erschwert wurde. Daneben verlaufen dann senkrecht zu den Verkehrswegen die großen Plantagen, die zum größten Teil an die durch Gräben und Wetterungen begrenzte Langstreifenflur gebunden sind.

Von den Straßen aus kann man also leicht zu einer Überbewertung des Obstanbaues gelangen, zumal dieses Bild noch durch die Anlage der Gehöfte mit ihren baumbestandenen Hausgärten verstärkt wird. Meist an bestehende oder alte Deichlinien gebunden (L. 30, Detlefsen, D. II. Band, Anhang) reihen sich die Höfe an der Straße auf und verbinden in der Haseldorfer Marsch die auf höherem, sandigerem Boden gelegenen Dörfer Hetlingen, Scholenfleth und Hohenhorst, die in ihrem geschlossenen Kern dicht hinter dem Elbdeich nicht den Marschhufendörfern, sondern in ihrem unregelmäßigen Grundriß eher den Haufendörfern der Geest ähneln.

Die Viergliederung der Flußmarschen in Randmoorsenke, Sietland, Hochland und Außendeichsland kommt also auch in dieser in der Entwicklung begriffenen bäuerlichen Obstbaulandschaft im Bild des Raumes zum Ausdruck. Randmoorsenke und Außendeichsland sind dabei bis heute ihren natürlichen Grundlagen entsprechend eine weithin zu überschauende, gleichmäßig genutzte, der Besiedlung schwer zugängliche Graslandschaft. Das Hochland und das Sietland als Siedlungs- und Ackerbauzonen sind auf Grund ihrer Struktur nur kleinräumig zu erfassen und gewinnen seit 1930 immer mehr den Charakter einer Landschaft mit einer intensiven Sonderkultur, dem Obstbau.

B. DIE NATÜRLICHEN GRUNDLAGEN DES RECHTSELBISCHEN OBSTBAUES

670 ha sind in dem 11 712 ha großen Marschgebiet (L. 181a, Thiede, G., S. 202) nordwestlich Hamburgs mit Obstbäumen bestanden; davon entfallen auf die Haseldorfer und Seestermüher Marsch 471 ha (nach der Bodennutzungserhebung 1951); über die Hälfte der in Schleswig-Holstein erwerbsmäßig genutzten Obstbäume steht in der Marsch zwischen Wedel und Kollmar; 55 % der landwirtschaftlichen Betriebe verfügen hier über Obstkulturen, und in der Gemeinde Haselau werden 12,3 % der landwirtschaftlichen Nutzfläche von Obstplantagen eingenommen (im Alten Land beträgt der Anteil bei einigen Gemeinden über 50 %).

Diese nüchternen Zahlen vermögen vielleicht die wirtschaftliche Bedeutung und landwirtschaftliche Struktur dieses Raumes schlagartig zu beleuchten, geben letzten Endes aber nicht die Ursachen an, die für diese Entwicklung maßgebend waren. Natürliche Voraussetzungen als auch menschliche Initiative und Arbeit müssen zusammenwirken, um in einer Landschaft im Zuge der Intensivierung eine Sonderkultur aufkommen zu lassen. Damit ist auch schon der Untersuchungsgang der Arbeit vorgezeichnet. Auf der einen Seite muß eine Darlegung der Standortverhältnisse mit den bodenkundlichen und klimatischen Gegebenheiten stehen. Diese latenten Kräfte des Raumes sind aber erst durch den Menschen genutzt worden, so daß auf der anderen Seite die Bedeutung des Menschen für die Entwicklung des Obstbaues dargestellt werden muß.

Wenn es im Rahmen der Arbeit notwendig ist, eine derartige Gliederung des Stoffes vorzunehmen, so muß man sich darüber im klaren sein, daß häufig nur eine Behandlung des ganzen Fragenkomplexes den Einzelfaktoren gerecht wird, so daß auf später zu behandelnde Tatsachen vorgegriffen werden muß, um zu einem vollständigen Bild zu gelangen.

1. Die bodenkundlichen Verhältnisse und ihre Bedeutung für den Obstbau

Eine Pflanze, die mit ihren Wurzeln das Erdreich durchdringt und deren oberirdischer Teil das ganze Jahr hindurch Wind und Wetter ausgesetzt ist, kommt nur dann zur vollen Entwicklung und damit zu höchsten Erträgen, wenn Boden und Klima optimale Lebensbedingungen liefern. Das Klima weist über ein weites Gebiet meist gleiche Züge auf, wenn man von kleinklimatischen Unterschieden absieht. Der Boden in seiner vielfältigen Ablagerung und Entstehung zeigt aber einen solchen Wechsel, daß selbst in der einförmig erscheinenden Marsch eine vergleichende regionale Betrachtung notwendig ist.

Schon die Höhenverhältnisse sind nicht so gleichförmig, wie das aus einer flüchtigen Betrachtung der Landschaft oder einer Karte vielleicht hervorgeht. Daneben zeigen humusreiche Böden vor dem Geestrand, schwere Tonböden in der Mitte der Marsch und feinsandige Tonböden an der Elbe, daß auch die Bodenzusammensetzung stark variiert. Höhenverhältnisse und Bodenzusammensetzung sind in ihrer Lagebeziehung eng miteinander verkoppelt und können nur aus der Entstehung der Marsch verstanden und erklärt werden.

Der heutige Geestrand wird durch die Talsandterrassen zwischen Uetersen und Elmshorn, durch die Dünensande bei Moorrege, durch Geschiebesande und Geschiebemergel bei Heist sowie durch Geschiebemergel gebildet, die sich von Holm bis Wedel erstrecken. Zwischen Heist und Holm gehen die Randmoorzone und das Vermoorungsgebiet des Bullenflusses ineinander über. Ihre Ausprägung erhielt die Geländestufe des Geestrandes am Ende der letzten Vereisung, als die Schmelzwässer der Weichselvereisung das Urstromtal der Elbe schufen und dabei ein über 20 m tiefes Bett in die saale- und wartheeiszeitliche Oberfläche gruben (nach Woldstedt L. 205a S. 331 u. S. 393). Im Verlauf der nacheiszeitlichen Meerestransgression wurde der weite Trog bis zur heutigen Höhe aufgeschlickt. Dieser Vorgang dauert besonders im Außendeichsgebiet auch heute noch an; beim Wechsel von Ebbe und Flut (Kentern des Stromes), wenn das Wasser zur Ruhe kommt, setzen sich die feinen Schwebstoffe in stillen Buchten ab, während der zwischen den Deichen eingezwängte Strom an anderer Stelle Teile des Ufers abbaut.

Das gröbere Material wurde immer dem jeweiligen Stromstrich am nächsten abgesetzt, während die tonigen Bestandteile im Schutze dieses Uferwalles weiter zum Geestrand hingeführt wurden. Wenn aus dieser Tatsache auch die feinsandigen Ablagerungen bei Idenburg, Hetlingen, Scholenfleth, Hohenhorst und Bishorst erklärt werden können, so läßt sich damit doch nicht die Vielfalt der feinsandigen, tonigen und moorigen Schichten im Marschkörper deuten, wie es im geologischen Kartenblatt von Uetersen (L. 229 u. L. 165), aber noch besser auf der geologisch agronomischen Karte des Elbtalrandes südlich Elmshorn (L. 156, Schlunck, J., Karte) zum Ausdruck kommt. Eine Kenntnis der Urlandschaft (die Landschaft vor der Beeinflussung durch den Menschen) würde uns vielleicht weiterbringen, doch läßt sich dieses Bild in einem so stark vom Menschen überformten Raum nicht mehr ganz rekonstruieren. Ein Vergleich mit dem Außendeichsgebiet vor Haseldorf im Bereich der Binnenelbe ist vielleicht noch am ehesten angebracht.

Ein Netzwerk von Wasserläufen durchzog das Land. Fleete, Verzweigungen der Elbe und der Auen, führten das Wasser von der Geest dem Strome zu. An den Hauptarmen bildeten sich Uferwälle und sperrten Altwässer ab, in denen Reth- und Binsenbestände zur Niederungsmoorbildung führten. Die gewundenen Wetterungen kennzeichnen noch zum Teil den ehemaligen Verlauf der Elbarme, und im Zuge der Eindeichungsarbeit abgesperrte Fleete sind heute noch als langgezogene, vernäßte Niederungszonen bei Schlickburg, Seestermühe und zwischen Schlickburg und Schadendorf zu erkennen.

Ausgehend von den Platen, den hochwasserfreien Inseln am Strom, erfolgte vom 12. Jahrhundert an eine übergreifende Inbesitznahme des Raumes (L. 30, I. Bd. S. 59—118), wobei in der Art von Kögen das eindeichungsfähige Land als Sietland dem Hochland an der Elbe angegliedert wurde. Dadurch wuchsen die Platen zusammen, die Auen erhielten ihr festes Bett und zum Geestrand hin wurde die Niederungszone immer mehr eingeengt. Nach weiteren Überschlickungen (die oben angeführten geologisch agronomischen Karten geben wechselnde Mächtigkeiten Schlick als Oberflächenform über Humus an) wurde auch dieses Gebiet durch Gräben und Abzugskanäle, Lannergräben, entwässert.

Sturmfluten überschwemmten wiederum häufig in den vergangenen Jahrhunderten die Marsch, verwüsteten das Land und rissen ganze Dörfer fort[1]), und noch 1825 (L. 30, II. Bd., S. 91) erreicht das Wasser eine Höhe von 16 Fuß 3 Zoll über Normalhochwasser und überschwemmte die ganze Marsch. Deich-

1) L. 30, Detlefsen, D., Band I und II. Dieses Werk enthält eine bis ins einzelne gehende Darstellung der historisch belegten Ereignisse in den Elbmarschen.

brüche mußten in jenen Jahrhunderten sehr häufig geschlossen werden; man mußte neue Deiche ziehen, und manchmal wurde das Land derartig verwüstet, daß das Grabennetz neu hergerichtet werden mußte. Dann war es notwendig, im Bereich des Hochlandes die tiefen Gräben zu ziehen und mit dem herausgeworfenen Material die Hochbeete zu formen; im Sietland brauchten die Gräben nicht so tief ausgeworfen zu werden, um dem Wasserstand der Elbe angepaßt zu sein. Auch heute noch müssen im Abstand von einigen Jahren die Gräben gekleit werden, da aus der Trübe, die bei Flut durch die Schleusen hereinströmt, sich laufend Schlick absetzt und darüber hinaus bei Starkregen oberflächlich toniges Material in die Gräben gespült wird. Eine immense Kulturarbeit steckt seit Jahrhunderten in diesem Entwässerungssystem, was auch in den Zahlen über den Anteil der Grabenfläche an der Gesamtfläche der Gemeinden zum Ausdruck kommt:

Gemeinde	Gesamtfläche der Gemeinde in ha	Grabenfläche in ha	in %
Groß-Nordende	548,0 ha	34,6 ha	6,3 %
Haselau	1900,4 ha	126,1 ha	6,6 %
Haseldorf	1810,2 ha	177,2 ha	9,8 %
Hetlingen	2402,5 ha	49,9 ha	2,1 %
Moorrege	1076,2 ha	47,2 ha	4,4 %
Neuendeich	851,9 ha	100,2 ha	11,8 %
Kurzenmoor	1190,7 ha	105,6 ha	8,9 %
Seestermühe	2288,5 ha	98,1 ha	4,3 %

[1])

Die Grenzen der Gemeinden Groß-Nordende und Moorrege umschließen Marsch und Geest, woraus sich in der obigen Aufstellung der geringere Anteil der Grabenfläche erklärt. Auffällig sind die sehr niedrigen Werte bei Hetlingen und Seestermühe; zu diesen Gemeinden gehören die Außendeichsgebiete, die nicht durch Gräben in eine Längsstreifenflur aufgegliedert werden, sondern eher als eine durch Gräben begrenzte Blockflur anzusprechen sind.

Vielleicht ist in diesem Zusammenhang ein Vergleich mit den Verhältnissen in der Wilster und Kremper Marsch angebracht. Bedingt durch die tiefe Lage (bis zu 3,96 m unter NN) kann dort auch selbst bei Ebbe nicht genügend Wasser durch die Schleusen abfließen, und so müssen Schöpfwerke eine Vernässung und Versumpfung verhindern. Die Haseldorfer Marsch liegt überall über NN, und auch in der Seestermüher Marsch muß nur ein eng begrenztes Gebiet zwischen Kurzenmoor und der Krückau durch Pumpanlagen entwässert werden.

Wenn damit in großen Zügen die geomorphologische Struktur des Raumes aufgezeigt worden ist, so lassen sich aus diesen Angaben noch keine Folgerungen für eine Standortwahl und eine Standortbeurteilung des Obstbaues ziehen. Unterschiede auf kleinstem Raum, wie sie aus dem oben Dargelegten ersichtlich sind, machen sowohl hinsichtlich der Bodenzusammensetzung als auch der Höhenlage, verbunden mit der Durchfeuchtung, eine überschauende Betrachtung unmöglich. Eine bis ins einzelne gehende Untersuchung jeder Parzelle kann aber wiederum nicht Aufgabe der vorliegenden Arbeit sein, zumal die Eignung für den Obstbau neben der Durchfeuchtung und Bodenzusammensetzung noch in erheblichem Maße von dem Bearbeitungszustand und der Düngung abhängt. Selbst für den Kalkgehalt und damit für die Bodenreaktion liegen je nach den Pflegemaßnahmen der Besitzer so unterschiedliche Meßwerte vor, daß eine generalisierende Betrachtung gar nicht möglich ist. (Der Obstbauberatungsring Seestermühe hat die bei den Bauern vorliegenden pH-Bestimmungen sowie die Untersuchungen auf Kalium, Phosphor und Stickstoff gesammelt und nimmt in diese Aufstellung auch laufend die neu hinzukommenden Bodenuntersuchungen auf).

Abgesehen von einer klimatischen Beurteilung, wären aber schon alle diese Angaben für eine Aussage über die Eignung oder Nichteignung eines Obstbaues

1) Nach Erhebungen des Katasteramtes Pinneberg.

notwendig; darüber hinaus müßten Bestimmungen der Wasser- und Luftführung des Bodens dieses Urteil erhärten. Im Rahmen einer Untersuchung lassen sich aber wohl die Bedingungen aufzeigen, die ein Obstbau für eine optimale Entwicklung benötigt, und es lassen sich davon ausgehend dann die Gebiete umreißen, wo diese Bedingungen gegeben sind bzw. sich durch Pflegemaßnahmen, d. h. durch Düngung oder Veränderung des Porenvolumens, erreichen lassen. Es liegt auf der Hand, daß die verschiedenen Obstbaumarten unterschiedliche Ansprüche an den Boden stellen. Nun sind aber 79 % aller erwerbsmäßig genutzten Obstbäume im Kreise Pinneberg Apfelbäume, so daß also hauptsächlich die Anbaubedingungen für Äpfel zu untersuchen sind.

Allgemein läßt sich sagen, daß nach den bisherigen Erfahrungen für Obstplantagen der beste Boden gerade gut genug ist. In der Marsch brauchen das nun nicht etwa die Felder zu sein, die die höchsten Weizenerträge geben. Der Obstbaum verlangt nämlich einen tiefgründigen, gut durchlüfteten, nährstoffreichen Boden, der bei Aziditätsverhältnissen um den Neutralpunkt herum dem gesteigerten Wasserbedarf der Bäume gerecht wird, ohne dabei zu einer stagnierenden Vernässung zu neigen. Die Tiefgründigkeit bedarf bei einer Mächtigkeit des Marschenkörpers von über 20 m kaum einer Diskussion, wenn man nicht den Grundwasserhorizont als Grenze der für die Pflanzen maßgeblichen Tiefgründigkeit ansprechen will. Ein Eindringen der Baumwurzeln in das Grundwasser ist nicht möglich, da dort den Wurzeln bei Sauerstoffentzug jegliche Lebensmöglichkeit genommen wird. Auf Grund des dauernd hohen Grundwasserspiegels scheiden daher weitgehend die dem Geestrand vorgelagerte Randmoorsenke als auch Teile des Sietlandes für den Obstbau aus, und auch in der Kremper und Wilster Marsch dürfte der Obstbau, abgesehen von dem Gebiet unmittelbar nördlich der Krückau, wegen der allgemein tiefen Lage nur an wenigen Plätzen Erfolg versprechen.

Nach Angaben des Obstbauinspektors des Obstbauberatungsringes Seestermühe soll sich allerdings in Raa-Besenbek auf überschlicktem Moorland mit einem Grundwasserspiegel in 30—50 cm Tiefe ein gutwüchsiger Obstbaumbestand (Sorte Martini) befinden. Wenn man sich daneben vor Augen hält, daß dieses Gebiet Jahr für Jahr in den Wintermonaten überschwemmt wird, so mutet es als unwahrscheinlich an, daß die Bäume ausgezeichnete Erträge liefern sollen. Ob diese Tatsache sortenbedingt ist oder ob hier noch andere Ursachen mitwirken, konnte im Rahmen der Arbeit nicht geklärt werden. Vorläufig ist jedenfalls vor einer Aufpflanzung gleichartiger Gebiete zu warnen, bevor nicht spezielle Untersuchungen eindeutige Ergebnisse gebracht haben. Auch im Alten Land ist die Niederungs- und Randmoorzone in der jahrhundertelangen Entwicklung, auf die der Obstbau dort zurückblicken kann, ausgespart worden, und bei weiterer Ausdehnung greift dort dieser Wirtschaftszweig heute auf die Geest über.

Die Durchlüftung des Bodens wird aber nicht nur vom Grundwasserstand beeinflußt, sondern ist in der darüber befindlichen Bodenschicht sowohl von der Korngröße als auch vom Bearbeitungszustand, von der Düngung und von weiteren Pflegemaßnahmen abhängig. Zeigten die Böden an der Elbe und an den Flußufern auch einen höheren Gehalt an Feinsand, so kann man daraus noch nicht folgern, daß diese Böden in dem vorliegenden Zustand grundsätzlich günstiger für Obstanlagen sind als andere Flächen der Marsch. Sind nämlich die Parzellen jahrhundertelang als Ackerland genutzt worden, so vermögen sie als solches auch weiterhin höchste Erträge zu liefern, Obstbäume werden aber nicht immer optimale Wachstumsbedingungen vorfinden. Im Laufe der Zeit ist nämlich auf den Ackerflächen oft eine Verdichtung des Bodens unterhalb der Pflugsohle erfolgt, was auch aus den Bodenfeuchtemessungen hervorgeht, die später erörtert werden. Diese Verdichtungszone verringert das Porenvolumen des Bodens und stört damit die Wasserführung als auch die Luftdurchlässigkeit. Dauerweiden zeigen die Erscheinung der Pflugsohlenbildung nicht und sind daher für die Anlage von Obstplantagen geeigneter. Neuanpflanzungen auf Ackerland sollte man so früh wie möglich mit Gras einsäen, um einer weiteren Verdichtung und Verschlämmung des Bodens, wozu die Marsch von Natur aus neigt, vorzubeugen. Wird aber aus betriebswirtschaftlichen Gründen eine Unterkultur unter den noch nicht im Ertrag stehenden Bäumen nicht zu umgehen sein, so sollte man auf solche Pflanzen im Anbau zurückgreifen, die eine Verbesserung der Bodenstruktur erwirken. Senf und Bohnen als Tiefwurzler vermögen das Bodengefüge zu durchdringen, und beim Absterben der feinsten Wurzeln als auch der Hauptwurzeln bleiben die Hohlräume erhalten, womit bei einer weiteren wirtschaftlichen Nutzung eine Verbesserung der Bodenkonstitution erreicht werden kann. Auch Luzerne gehört zu den Tiefwurzlern, findet aber auf die Dauer auf Marschboden infolge der Abneigung gegen zu starke Vernässung und Verdichtung des Untergrundes keine guten Wachstumsbedingungen vor und wird von Gras überwuchert.

Eine Graseinsaat aber wird den Boden am besten vor einer Verschlämmung bewahren und besonders dann im Laufe der Zeit eine lockere humose Oberflächenzone schaffen, wenn das Gras nicht als Heu genutzt wird, sondern bei häufigem Mähen als dünne Auflage liegen bleibt. Vermehrt durch den herbstlichen Laubfall und eine intensive Düngung mit Stallmist vermag diese Mulchwirtschaft dem Boden erhebliche Mengen an Humus zuzuführen. Dadurch gelangt man zusammen mit der Beschattung durch die Obstbäume zu einer hervorragenden Bodengare, die in tiefgreifender Weise die Bodenkonstitution verändert. Aus Untersuchungen, die im Rahmen der Arbeit des Obstbauberatungsringes Seestermühe durchgeführt wurden, wird ersichtlich, daß durch die Mulchwirtschaft eine Aktivierung der Bodenmineralien erreicht wird, d. h. daß die löslichen Anteile an Kalium und Phosphat in starkem Maße zunehmen, und zwar auch bei gedüngten Parzellen über das Maß der Düngung hinaus. Erhält der Boden eine derartige Pflege, so läßt sich auch eine Kalkdüngung durchführen, ohne daß eine Verschlechterung der Strukturverhältnisse eintritt, wie sie im Alten Land durch die Arbeiten der Biologischen Reichsanstalt im Bereich des Sietlandes festgestellt wurde (L. 146 Rothe, G., L. 151 Rothe, G., L. 33 Ehrenberg, P., L. 193 Wartenberg, H.). H. Wartenberg macht damals schon auf die Bedeutung von Stallmistgaben zur Überwindung der „Entsäuerungsgefahr" aufmerksam, wenn auch die Frage, ob bei den Obstbäumen eine Empfindlichkeit gegen die Bodenreaktion oder gegen den Bodenzustand vorliegt, damals nicht endgültig gelöst werden konnte. Wenn man aber bedenkt, daß ertragreiche Obstanlagen heute pH-Werte aufweisen, die zwischen 4,0 und 7,5 schwanken, so ersieht man daraus wohl ohne weiteres, daß ein Obstbaum vor allem bestimmte Anforderungen an die Bodenkonstitution stellt.

Um diesen Bodenzustand auch hinsichtlich seines Mineralreichtums zu erhalten, bedarf es in der Marsch heute schon einer geregelten Zuführung von K-Verbindungen, Phosphaten und Kalk. Bei Entnahmen von Bodenproben konnte nämlich sowohl im Außendeichsgebiet als auch binnendeichs in der Marsch eine Degradation der oberflächlichen Bodenschicht festgestellt werden. Verarmung an Eisen in dieser Zone und Anreicherung im Untergrund in Form von erbsengroßen Knoten aus Eisen-(III)-oxydhydrat geht mit einer oberflächlichen Entkalkung konform. Die Anreicherungszone liegt dabei binnendeichs bei einer Tiefe von 60—80 cm, im Außendeichsgebiet in 30—40 cm. Im Seestermüher Außendeich besteht der Untergrund an den Untersuchungsstellen nach der geologischen Karte aus kalkhaltigem, feinsandigem, eisenhaltigem Ton in 40—90 cm Tiefe; darunter lagert kalkhaltiger, humoser, toniger Feinsand; in der weitgehend eisenfreien Oberflächenzone wird schon durch die stärkere Bindigkeit des Bodens der höhere Tongehalt angezeigt. Im Binnendeichsgebiet reicht der eisenhaltige

Ton nach der geologischen Karte 150 bis 200 cm tief. Eine völlige Fortführung des im Boden vorhandenen Eisens und Kalziums kann nicht erfolgen, da sowohl beim Grundwasser als auch beim Grabenwasser der pH-Wert über 7 liegt (gemessen wurde in Neuendeich, Schadendorf und Haseldorf mit Lyphanpapier 7,4 ± 0,2). Die Randmoorzone mit ihren durch die Humusstoffe schwarz gefärbten Wasser zeigt schon durch die Sauergräser den Zustand des Bodens und des Grund- und Grabenwassers an.

Aus allen diesen Ausführungen wird ersichtlich, daß es nicht die Lage und die damit durch die Entwicklung der Marsch verbundene Zusammensetzung des Bodens ist, die eine Bevorzugung bestimmter Distrikte mit sich bringt, denn durch sachgemäße Bodenpflegemaßnahmen lassen sich durchaus die Vorzüge des Hochlandes an der Elbe und beiderseits von Pinnau und Krückau weitgehend ausgleichen. Allgemein liegen die Haseldorfer und Seestermüher Marsch noch höher als das Alte Land; von dem bodenkundlichen Standpunkt aus dürfte auf dem Hochrücken an der Elbe bei Scholenfleth und Hohenhorst selbst eine Anpflanzung von Kirschen, also der empfindlichsten Obstbäume, Erfolg haben.

So läßt sich als vorläufiges Ergebnis zusammenfassend sagen, daß es von der Bodenpflege abhängt, ob ein Bestand gedeiht oder nicht. Eine Bevorzugung des stromnahen Gebietes, auch des Außendeichgebietes, ist in bodenkundlicher Hinsicht gegeben, während die überschlickte Randmoorzone vorläufig noch nicht für den Obstbau zugänglich gemacht werden kann. Ob es im Bereich der Haseldorfer und Seestermüher Marsch möglich sein wird (vergl. den Bestand in Raa-Besenbek), muß letzten Endes vortastenden zukünftigen Versuchen überlassen bleiben.

Die hiermit dargelegten bodenkundlichen Grundlagen und Voraussetzungen für einen erfolgversprechenden Obstbau entbehren aber noch einer eingehenden Erörterung des Bodenwasserhaushalts. Damit wird vielleicht eine der für den Obstbau wichtigsten Fragen angeschnitten. Bedenkt man, daß dem Obstbau durchschnittlich in Deutschland während der Vegetationsperiode eine Bodenwassermenge zur Verfügung stehen muß, die 700 mm Niederschlag entspricht, so kann man daraus schon die Bedeutung des Wassers für die Wachstums- und Fruchtungsbedingungen der Obstanlagen ermessen. Vergleichsweise benötigen Wintergetreide 350 mm, Kartoffeln und Rüben ebenfalls 350 mm, Sommergetreide 450 mm und eine Gras-Kleenarbe 600 mm Niederschlagswasser im Boden (L. 172, Seitzer, J., S. 43). Wenn man daneben weiß, daß eine Birke 70 l Wasser (L. 20, von Bülow, K., S. 43) im Tagesdurchschnitt verbraucht, so läßt sich daraus vielleicht ein Vergleich mit dem Bedarf der Obstbäume ziehen. Dabei ist der Wasserbedarf um so größer, je höher die mittlere Temperatur von Mai bis September liegt. Am Bodensee ist mit einer Niederschlagsmenge von 950 mm bei einer mittleren Temperatur von Mai bis September in Höhe von 15,6° eine optimale Entwicklung gegeben. Hilkenbäumer (L. 70, S. 100 f.) gibt dann weiter für verschiedene Gebiete die mittleren Temperaturen von Mai bis September mit dem dazugehörigen jährlichen Niederschlagsbedarf für Äpfel an :

Ort	mittlere Temperatur der Monate Mai bis September	Niederschlagsbedarf der Apfelbäume
Elbing	14,8°	610 mm
Bonn	16,0°	700 mm
Bergstraße	16,7°	760 mm
Südtirol	20,4°	1060 mm

Die Obstbaugebiete Südtirols erhalten aber nur eine Niederschlagsmenge von 860 mm, so daß ein erfolgreicher Obstbau schon eine Bewässerung benötigt. Der Bezirk um Elbing überschreitet nach dem Zahlenmaterial in der Klimakunde von Deutschland (L. 227) gerade den Bedarf; bei Bonn wird im Rheintal der Wert nicht erreicht. Während der Niederschlagsbedarf an der Bergstraße z. T. überschritten wird, sinkt er zum Rhein hin aber doch unter den Grenzwert ab. Vergleicht man damit die Zahlen, die sich für das Marschengebiet beiderseits der Elbe im Raum Stade—Uetersen ergeben, so sieht man, daß bei 14,3° mittlerer Temperatur von Mai bis September (Wert für Stade aus der Klimakunde von Deutschland) und einem mittleren Jahresniederschlag von 725 mm (L. 56, Hagemann, E. und Voigts, H., Karte I, 1a) ein Obstbau durchaus gesichert wäre.

Wenn Hilkenbäumer (siehe oben) allgemein sagt, daß der Wasserbedarf der Obstanlagen von den Wärmeverhältnissen abhängt und daß die Wasseransprüche von Zwetsche über Pflaume, Apfel, Birne, Süßkirsche und Walnuß zum Pfirsich hin abnehmen und daß Aprikosen und Sauerkirschen noch weniger Wasser benötigen, so müssen diese grundsätzlichen Erkenntnisse bei Neuanpflanzungen schon Berücksichtigung finden. Hilkenbäumer folgert dann weiter, daß optimale Bedingungen für Äpfel nur in wenigen Gebieten Deutschlands vorliegen, und daß gleichmäßig hohe, gesicherte Erträge nur im Alten Land und am Bodensee erzielt werden können. Er weist dann noch auf die Begrenzung des Obstbaues durch die Höhenlage hin (in Deutschland schon in 800 m Höhe keine gesicherten Erträge mehr); die Bedeutung der Verteilung der Niederschläge im Jahresablauf und des Grundwasserstandes wird in die Betrachtung einbezogen, es kommt aber nicht sehr deutlich zum Ausdruck, daß es in der oben angeführten Temperatur-Niederschlagskorrelation nicht so sehr auf die Niederschlagsmenge ankommt als vielmehr auf das im Boden vorhandene und für die Pflanze nutzbare Wasser. Auf Grund der Niederschlagswerte kann man noch nichts über den Wassergehalt eines Bodens aussagen, denn durch oberflächlichen Abfluß oder durch die Versickerung in einem Lockerboden kann ein vorgetäuschter Wasserreichtum für die Pflanze nutzlos geworden sein. Letzten Endes vermögen daher nur Messungen des Bodenwasserhaushalts exakte Ergebnisse zu liefern, so daß auch Aussagen über die Eignung eines Gebietes für den Obstbau gemacht werden können.

Der Wassergehalt eines Bodens ist fortwährenden Schwankungen unterworfen, was jedem aus Beobachtungen geläufig sein wird. Diese Änderungen des Wasserhaushalts aber quantitativ zu fassen, stößt auf erhebliche Schwierigkeiten. Wäre der Boden ein Gemenge, das in das Lösungsmittel Wasser keine Ionen abgeben würde, so ließe sich der Wassergehalt auf Grund der elektrischen Leitfähigkeit mit Hilfe eines elektrischen Feuchtigkeitsmessers ermitteln, wie er von den „Physikalischen Werkstätten Göttingen" herausgebracht worden ist. Messungen auf dieser Basis würden aber zu hohe Werte vortäuschen, da in Abhängigkeit von der jeweiligen Ionenkonzentration zu hohe Leitfähigkeitswerte abgelesen werden würden, die nicht dem tatsächlichen Wassergehalt entsprächen. Die auf diesem Prinzip beruhenden Meßmethoden von W. Baier (L. 6, S. 18) (in den Boden eingegrabene Gipsblöcke) und von G. J. Bouyoucos (L. 17, S. 319—330) (in den Boden eingegrabene Nylonplatten) bedürfen noch einer weiteren Überprüfung und sind für die Praxis heute noch nicht verwendbar, obgleich diese Methoden ein engmaschiges, schnell zu bedienendes Beobachtungsnetz ermöglichen würden. Das gilt auch für die Versuche von H. Person (L. 134, S. 22), die Bodenfeuchte auf elektrischer Grundlage mit Hilfe eines Kondensators auf Grund der Dielektrizitätskonstanten zu bestimmen. Auch das Schnellverfahren von W. Nitzsch (L. 127, S. 283), den Wassergehalt aus dem Verdünnungsgrad von absolutem Alkohol zu ermitteln (der Alkohol war vorher mit einer Bodenprobe zusammen geschüttelt worden), hat sich wegen seiner Ungenauigkeit nicht durchsetzen können.

Um einen Überblick über die Wasserführung des Marschbodens in Abhängigkeit von den Obstkulturen zu bekommen, mußte daher zur Feststellung der Bodenfeuchte auf die Methode der Entnahme einer Bodenprobe, ihrer sofortigen Wägung, Trocknung und nochmaligen Wägung zurückgegriffen werden.

Der zu untersuchende Boden wurde durch Bohrungen gewonnen, da Grabungen in den Apfelhöfen nicht durchgeführt werden konnten. Der Nachteil der Bohrmethode liegt darin, daß bei jeder Entnahme einer Bodenprobe das Bodengefüge gestört wird und bei häufiger Bohrung eine Fläche schließlich durchlöchert wird, womit keine natürlichen Bedingungen mehr gegeben sind. Die ebene Fläche darf wiederum aber auch nicht zu groß gewählt werden, da sonst die Möglichkeit besteht, daß eine Änderung in der Bodenzusammensetzung nicht vergleichbare Meßergebnisse ergibt. Eine absolut ebene Fläche muß als Voraussetzung gefordert werden, da man sonst nicht die Gewähr hat, daß auch das Niederschlagswasser in den Boden eindringt. Diese letzte Forderung an die Untersuchungsflächen konnte nicht eingehalten werden, da in den Marschen alle Beete zum Graben hin ein Gefälle aufweisen. Der größte Nachteil der Bohrmethode liegt wohl aber darin, daß man letzten Endes nie den Boden in seinen natürlichen Lagerungsbedingungen erfassen kann, da jeder Bohrer eine Stauchung der Bodensäule herbeiführt.

Der bei den Untersuchungen zu dieser Arbeit verwandte Bohrer wurde von Herrn Groß, Mechaniker im Chemischen Staatsinstitut der Universität Hamburg, nach eigenen Vorschlägen hergestellt (siehe technische Zeichnung). Die Gesamtlänge des Bohrers beträgt 136 cm, davon entfallen auf den Bohrraum 120 cm. Der größte Querschnitt liegt im Bereich des Bohrkopfes mit 27 mm Ø (Teil 4). Ein abnehmbarer Deckel, der am Bohrende durch Einstechen in den Bohrkopf am Handgriffende durch eine Schraube mit Flügelkopf gehalten wird, gestattet eine bequeme Entnahme der Erdproben. Die eigentliche Schneidezone des Bohrers ist nur 7 mm lang und besteht aus gehärtetem Stahl (Teil 5); dieser aufgesetzte Ring an der Spitze hat auch den geringsten Innendurchmesser von 18 mm, während der Bohrer sonst einen inneren Durchmesser von 20 mm hat. Dadurch wird erreicht, daß eine Reibung zwischen Metall und erbohrter Bodensubstanz weitgehend auf jene 7 mm beschränkt bleibt, wodurch wiederum eine allzu starke Stauchung der Bodensäule verhindert werden konnte. Die maximal beobachtete Stauchung betrug 5 % der erbohrten Länge. Die weiteren technischen Einzelheiten dürften aus der Zeichnung zu ersehen sein, doch sei hier noch angeführt, daß der besondere Vorteil des Bohrers für Wasserhaushaltsuntersuchungen in der Rohrform zu suchen sein dürfte, da hierdurch eine Durchmischung der erbohrten Substanz mit dem dem Bohrloch anliegenden Boden beim Herausziehen verhindert wird.

Die Untersuchungen des Wassergehaltes des Bodens erstreckten sich über einen Zeitraum von 19 Monaten und zwar vom 21. 4. 1951 bis zum 4. 11. 1952. Es wurden damit zwei Vegetationsperioden erfaßt, so daß eine Überprüfung der im Jahre 1951 gewonnenen Ergebnisse möglich war. Insgesamt wurden 81 Bohrungen durchgeführt und dabei 765 Bodenproben untersucht. Die Bohrungen wurden jeweils gleichzeitig an zwei während der ganzen Untersuchungszeit nicht gewechselten Punkten vorgenommen. Der eine Bohrpunkt lag auf einem unbestellten Acker (Feldvergleichsfläche), während der andere sich ebenfalls in Beetmitte unter einem 20jährigen Apfelbaum (Schöner von Haseldorf) befand, dessen Krone einen Durchmesser von 8 m hat. Obgleich die beiden Beobachtungspunkte nur etwa 150 m voneinander entfernt sind, lag die Feldvergleichsfläche doch um 59 cm tiefer, woraus ersichtlich wird, daß auch in der Marsch, abgesehen von dem Niveauunterschied zwischen Grabenkante und Beetmitte, Höhendifferenzen auf kleinstem Raum vorkommen, die für diese doch in ihrem Erscheinungsbild tischebene Landschaft beachtlich sind.

Bohrpunkt im Obstgarten	(Punkt I)	199 cm über NN.
Bohrpunkt auf dem Acker	(Punkt II)	140 cm über NN.

(Als NN wurde der mittlere Wasserstand in der Wetterung gesetzt).

Somit lag also bei einer Bohrtiefe von 100 m die unterste Bodenprobe immerhin noch 99 bzw. 40 cm über dem Grabenwasserspiegel; in wie weitem Maße sich in dieser Bodenzone bereits die Einwirkung des Grundwassers auf die Bodenfeuchte

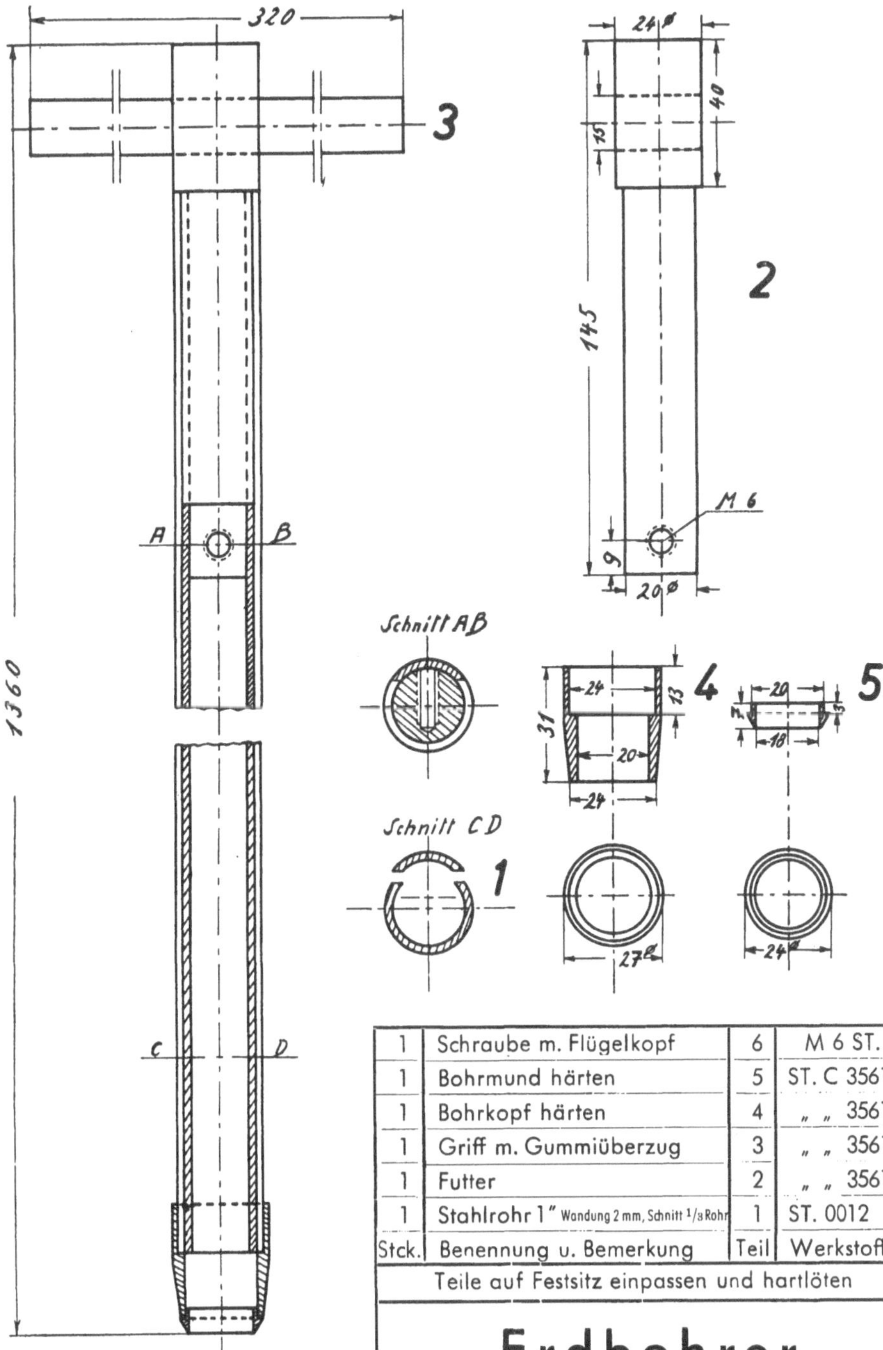

Stck.	Benennung u. Bemerkung	Teil	Werkstoff
1	Schraube m. Flügelkopf	6	M 6 ST.
1	Bohrmund härten	5	ST. C 3561
1	Bohrkopf härten	4	„ „ 3561
1	Griff m. Gummiüberzug	3	„ „ 3561
1	Futter	2	„ „ 3561
1	Stahlrohr 1" Wandung 2 mm, Schnitt 1/8 Rohr	1	ST. 0012

Teile auf Festsitz einpassen und hartlöten

Erdbohrer

Abb. 2

bemerkbar macht, mag einer späteren Erörterung überlassen bleiben. Immerhin sei aber in diesem Zusammenhang schon erwähnt, daß in den Wintermonaten die Durchfeuchtung der unteren Bodenzonen derartige Formen annahm, daß mehrfach eine Entnahme der Proben aus diesen Tiefen nicht mehr möglich war. Die erbohrte Bodensäule glitt in diesem Falle infolge der Plastizität und Bindigkeit des durchfeuchteten Tones beim Hochziehen des Bohrers wieder heraus, was auch nicht durch die Verengung des Bohrmundes verhindert werden konnte.

Die im Bohrer befindliche Bodensäule wurde nach dem Abnehmen des Deckels in Abschnitte von 10 zu 10 cm Länge unterteilt, diese Proben dann in vorher gewichtsmäßig bestimmtes Papier (DIN A 5) gewickelt und einer sofortigen Wägung unterzogen, um Verdunstungsverluste zu vermeiden. Die Wägungen wurden mit einer Handwaage (Hornschalen) durchgeführt, die eine Empfindlichkeit von 50 mg besaß. Nachdem die Bodenproben an der Luft bis zur Gewichtskonstanz getrocknet worden waren, konnte in einer zweiten Wägung das Gewicht des lufttrockenen Bodens ermittelt werden. Durch Differenzbildung der Gewichte des wasserhaltigen und des lufttrockenen Bodens ergab sich dann der Wassergehalt des Bodens in Gramm.

(Boden + H_2O) — lufttrockener Boden in g = Wassergehalt in g.

Die im weiteren Verlauf der Ausführungen gebrauchten Angaben des Wassergehaltes in % beziehen sich auf 100 g lufttrockenen Boden.

$$\frac{\text{Wassergehalt in g} \times 100}{\text{Gewicht des lufttrockenen Bodens}} = \text{Wassergehalt in } \%.$$

Die Bestimmung der Genauigkeit der Bodenfeuchtemessungen erfolgte unter Zugrundelegung extremer Meßergebnisse:

Tag der Bohrung	Bodentiefe	I	II	III	IV
21. 4. 1951	0—10 cm	35,65 g	24,55 g	11,1 g	45,2 %
		daraus kann bei einer Empfindlichkeit der Waage von 50 mg im ungünstigsten Falle werden:			
		35,6	24,6	11,0	44,7 %
	bzw.	35,7	24,5	11,2	45,7 %
22. 9. 1951	40—50 cm	43,35	38,25	5,1	13,3 %
		daraus kann im ungünstigsten Falle werden:			
		43,3	38,3	5,0	13,1 %
	bzw.	43,4	38,2	5,2	13,6 %

Aus den obigen Werten wird ersichtlich, daß selbst bei einer Addition der Wägefehler der errechnete Prozentgehalt nicht mehr als 0,5 % nach oben und unten von dem wahren Wert abzuweichen vermag. Die Werte sind demnach zumindest auf 1 % genau angegeben worden. Diese Fehlergrenze genügt vollkommen, denn einerseits läßt sich eine größere Genauigkeit nur sehr schwer in einem Diagramm darstellungsgemäß verarbeiten, andererseits dürfte aber schon in der Bohrmethode mit dem ewigen Wechsel des Untersuchungsmaterials eine viel größere Ungenauigkeit liegen.

Seit 1949 werden derartige Bestimmungen der Bodenfeuchtigkeit mehr und mehr in Deutschland durchgeführt. Besonders der Wetterdienst in der US-Zone hat dieses neue Arbeits- und Forschungsgebiet in die agrarmeteorologischen Abteilungen aufgenommen, und seit jener Zeit wird durch laufende Messungen versucht, diesen Fragenkomplex einer Klärung näher zu bringen und so für die landwirtschaftliche Praxis nutzbar zu machen. S. Uhlig (L. 184) umreißt in einer Abhandlung in den „Berichten des Deutschen Wetterdienstes in der US-Zone Nr. 30" die Probleme und die Arbeits- und Darstellungsmethoden in eingehender Weise und betont, daß das „Grundprinzip für den Ausbau eines Bodenfeuchtenetzes die Schaffung gleicher Bedingungen für die Probeentnahme ist", und er gibt die Richtlinien an, nach denen die Auswahl der Versuchsflächen zu erfolgen hat. Die natürlichen Gegebenheiten sollen für eine mit Pflanzen bestandene Fläche (in dieser Arbeit die Obstplantage) und für die vegetationslose Vergleichsfläche (Feldvergleichsfläche in der vorliegenden Arbeit) keine Unterschiede aufweisen. Diese Bedingungen lassen sich in der Marsch nur schwer einhalten, wie es oben schon betont wurde. Niveauunterschiede auf kleinstem Raum, der Mangel an horizontalen Flächen und eine Änderung der Bodenzusammensetzung erschweren eine Festlegung der Untersuchungspunkte als auch eine Diskussion der Meßergebnisse. Unterschiedlich ist auch der oberflächliche Abfluß nach Starkregen auf dem schwer das Wasser aufnehmenden Boden der Feldvergleichsfläche und auf dem grasbewachsenen Boden des Obstgartens. Ebenfalls hat sich die Bodenstruktur in der Oberflächenzone im Laufe der Jahre durch den Baumbestand verändert, wie auch der Bodenoberfläche unter den Obstbäumen ein geringerer Niederschlag zukommt.

H. Linskens hat diesen Fragenkomplex einer eingehenden Untersuchung unterzogen (L. 111, S. 32—33). Aus den Ergebnissen wird ersichtlich, daß das Laubdach eines Obstbaumes bis Ende Juni eine überwiegend wasserhaltende Kraft besitzt, d. h. der Regen wird auf dem Blätterdach festgehalten, ohne den Boden zu erreichen. Im extremsten Fall gelangen unter der Baumkrone nur 20 % des im Freiland gefallenen Regens auf den Erdboden. Ab Juli hat der Baum mehr eine Traufen- oder Schirmwirkung; die Blätter leiten das Wasser zur Peripherie hin ab, wodurch der Niederschlagswert dort auf 170 % des Freilandbetrages steigen kann. Die dieser Arbeit zugrunde liegenden Bodenfeuchtemessungen wurden grundsätzlich an der Nordseite desselben Baumes durchgeführt, weil dort die von Linskens aufgeführten extremen Verhältnisse auf Grund des lichteren Blätterdaches nicht auftreten können.

Die zur Verfügung stehende Untersuchungsfläche erfuhr durch diese Beschränkung eine weitere Einengung, so daß auch die von S. Uhlig geforderte Methode der Mittelwertsbildung aus vier Parallelmessungen (zur Ausschaltung von Fehlerquellen) (L. 184, S. 8) in dieser Arbeit nicht durchgeführt werden konnten. Zum anderen wäre eine derartige Methode in der vorliegenden Arbeit arbeitsmäßig kaum zu bewältigen gewesen.

Uhlig fordert weiterhin eine Trocknung der Bodenproben zwischen 105° und 110°. Diese Bedingungen konnten aus zwei Gründen nicht eingehalten werden: einmal stand ein Thermostat nur für eine kurze Zeit zur Verfügung, zum anderen wurde die Lufttrockenheit als Bezugspunkt gewählt, weil dieses ein unter natürlichen Bedingungen erreichbarer Zustand ist. Darüber hinaus erbrachte ein Vergleich einer Luft- und Thermostatentrocknung die nachstehend aufgeführten Ergebnisse.

Die Bodenprobenentnahme erfolgte sowohl im Obstgarten als auch auf der Feldvergleichsfläche am 22. 9. 1951; die anschließende Wägung erbrachte die in der Tabelle (siehe nächste Seite) unter 1 aufgeführten reduzierten Werte (alle Werte abzüglich Papiergewicht). Die Lufttrocknung wurde bis zur Gewichtskonstanz am 27. 4. 1952 (im Winter Trocknung sehr langwierig) durchgeführt (in der Tabelle unter 2). Unter 3 findet man die Differenz von lufttrockenem und wasserhaltigem Boden, unter 4 die Prozentangaben, bezogen auf 100 g lufttrockenen Boden.

Die Bodenproben wurden am 29. 4. einer achtstündigen Thermostatentrocknung von 105—110° unterworfen und das Gewicht nach der Abkühlung im Exsikkator ermittelt (Tabelle unter 2a). Differenzbildung mit den Werten unter 1 erbrachten den Wassergehalt in g (Tabelle unter 3a) und nach Rechnung die Prozentzahlen, bezogen auf 100 g thermostatengetrockneten Boden.

Bis zum 15. 6. 1952 wurden dann die Proben an der Luft gelagert und einer abermaligen Wägung unterzogen (2b). Es wurde wieder die Differenz zu 1 gebildet und der Wassergehalt in Prozent des luftgetrockneten, thermostatengetrockneten, luftgelagerten Bodens bestimmt. Eine nochmalige Überprüfung am 26. 9. 1952 erbrachte keine Gewichtsveränderungen.

Obstgarten, Tiefe in cm

		0—10	10—20	20—30	30—40	40—50	50—60	60—70	70—80	80—90	90—100
	1 wasserhaltiger Boden in g	39,80	42,80	44,55	45,25	43,35	40,20	42,35	42,80	38,70	39,65
I	2 lufttrockener Boden in g	28,95	34,25	37,40	39,35	38,25	35,45	37,75	37,05	32,70	32,55
	3 Differenzen von 1—2 = Wassergehalt in g	10,85	8,55	7,15	5,90	5,10	4,75	4,60	5,75	6,00	7,10
	4 Wassergehalt in % bezogen auf 100 g lufttrockenen Boden	37,5	25,0	19,1	15,0	13,3	13,4	12,2	15,5	18,4	21,8
	2a thermostatengetrockneter Boden in g	27,55	32,75	35,75	37,65	36,55	33,80	36,10	35,25	30,75	30,65
II	3a Differenzen von 1—2a = Wassergehalt in g	12,25	10,05	8,80	7,60	6,80	6,40	6,25	7,55	7,95	9,00
	4a Wassergehalt in % bezogen auf 100 g thermostatengetrockneten Boden	44,5	30,7	24,6	20,2	18,6	19,0	17,3	21,4	25,9	29,4
	2b Gewicht des an der Luft gelagerten Bodens in g	28,80	34,10	37,30	39,20	38,10	35,35	37,55	36,90	32,50	32,40
III	3b Differenzen von 1—2b = Wassergehalt in g	11,00	8,70	7,25	6,05	5,25	4,85	4,80	5,90	6,20	7,25
	4b Wassergehalt in % bezogen auf 100 g luftgelagerten Boden	38,2	25,5	19,4	15,4	13,8	14,0	12,8	16,0	19,1	22,4

Feldvergleichsfläche, Tiefe in cm

		0—10	10—20	20—30	30—40	40—50	50—60	60—70	70—80	80—90	90—100
	1	39,50	44,90	45,90	46,50	42,65	43,05	43,35	44,30	44,50	43,60
	2	31,45	34,65	36,30	37,70	34,90	33,80	33,90	33,70	33,10	31,10
I	3	8,05	10,25	9,60	8,80	7,75	9,25	9,45	10,60	11,40	12,50
	4	25,6	29,6	26,5	23,3	22,2	27,4	27,9	31,5	34,4	40,2
	2a	29,95	33,00	34,50	35,75	32,90	31,60	31,75	31,55	31,05	29,00
II	3a	9,55	11,90	11,40	10,75	9,75	11,45	11,60	12,75	13,45	14,60
	4a	31,9	36,1	33,0	30,1	29,6	36,2	36,5	40,4	43,3	50,3
	2b	31,25	34,50	36,15	37,60	34,75	33,70	33,75	33,60	33,00	31,00
III	3b	8,25	10,40	9,75	8,90	7,90	9,35	9,60	10,70	11,50	12,60
	4b	26,4	30,2	27,0	23,7	22,7	27,7	28,4	31,9	34,9	40,6

I = Lufttrocknung, II = Thermostatentrocknung, III = Luftlagerung.

Aus der Gegenüberstellung der beiden Methoden wird ersichtlich, daß die Thermostatentrocknung die Bodenproben in erheblich stärkerem Maße austrocknet, und zwar ist die Differenz gegenüber der Lufttrocknung um so größer, je höher der Wassergehalt des Bodens war. Ein gesetzmäßiger Zusammenhang ließ sich nicht aufzeichnen. Bei geringfügigen Unterschieden in der Bodenzusammensetzung (an beiden Untersuchungspunkten wurden für die 10 cm Tiefenstufen Korngrößenbestimmungen durchgeführt) dürfte sich die verschieden starke Austrocknung auch kaum auf wechselnde Mengen an Haftwasser zurückführen lassen.

Erstaunlich ist aber die Tatsache, daß sich nach einer längeren Lagerung an der Luft das vorherige Gewicht bis auf 0,3—0,8 Gewichtsprozente genau wieder einstellte, womit eine Rechtfertigung der Lufttrocknungsmethode gegeben sein dürfte.

Den Bodenfeuchtemessungen war eine Erfassung der klimatischen Verhältnisse angeschlossen. Die Niederschlagsmengen wurden dabei nicht in 1 m Höhe über dem Erdboden ermittelt, sondern es wurde der dem Boden zukommende Regen gemessen, d. h. der Regenmesser war in den Boden eingelassen worden. W. Maltsch (L. 122) verglich die Niederschlagsmengen in einem freistehenden und einem in die Erde versenkten Regenmesser und fand, daß die Niederschlagssummen im Erdbodenregenmesser im Durchschnitt um 1,5 % höher lagen. Nach Göhrke (L. 52) sind die in Bodenhöhe gemessenen Niederschläge sogar um 8,5 % höher als in 1 m Höhe. Laufend kontrollierte Registrierungen eines Thermohygrographen rundeten das Bild ab, und im April/Mai 1952 konnte für einen kurzen Zeitraum auch der Gang der Bodentemperatur mit erfaßt werden.

In den Diagrammen wurden nur die Niederschlagsmengen und der Gang der Bodenfeuchte einander zugeordnet. Die täglichen Niederschlagsmengen in mm und flächengleich dazu die Summen der Niederschläge von einer Bodenprobenentnahme zur anderen wurden kalendermäßig dem 7-Uhr-Meßtermin des Ablesungstages gemäß aufgetragen. Die Bodenfeuchtelinien wurden unter Zugrundelegung der Meßwerte in einem Zeit-Tiefendiagramm aufgetragen. Die Bedeutung dieser Darstellungsmöglichkeit wird von S. Uhlig besonders herausgestrichen (L. 184, S. 13), da man über den Verlauf des Wassergehaltes als auch über die Geschwindigkeit der Verarmung Aufschluß erhält. An anderer Stelle (L. 188, S. 515) vertritt er allerdings den Standpunkt, daß man zu einer Loslösung von den absoluten Meßwerten kommen muß. Die Mittelwerte für alle Bodenproben von 10 zu 10 cm Tiefe, die Angaben der vorhandenen Bodenfeuchte in Prozent des ausschöpfbaren Bodenfeuchtegehaltes und auch die Darstellung der Bodenfeuchte in Prozent des maximal möglichen Bodenfeuchtegehaltes für eine bestimmte Tiefe lassen sich nach S. Uhlig (L. 184, S. 12) ebenso nur für Vergleiche verwenden wie die Darstellung der Abweichung vom mittleren Bodenfeuchtegehalt.

Baumann (L. 9, S. 8) macht besonders darauf aufmerksam, daß die Zustandsgrößen der Bodenfeuchtigkeit nicht laboratoriumsmäßig ermittelt werden sollen. Gemeint sind damit die in bodenkundlichen Untersuchungen festgestellten Werte der minimalen und maximalen Wasserkapazität und der Hygroskopizität. Baumann fordert, daß vielmehr aus mehrjährigen Bodenfeuchtebestimmungen der Frühjahrsbestand und die sommerliche Verarmungsgrenze als Bezugspunkte verwandt werden sollen, womit die nutzbare Wasserkapazität dieses Bodens festgelegt ist. Uhlig greift diesen Gedanken ebenfalls auf (L. 186, S. 11). Ob im Rahmen dieser Arbeit die für die Pflanzenentwicklung maßgebenden Extremwerte aus den vorliegenden Messungen schon abgeleitet werden können, muß nach der Darlegung der Ergebnisse entschieden werden.

Die folgenden Ausführungen werden sicher eine Bereicherung des Materials auf dem Forschungsgebiet der Bodenfeuchte bringen; vielleicht können sie auch ein kleiner Beitrag zur Klärung des allgemeinen Fragenkomplexes sein. In dieser Arbeit dürfte den Ergebnissen aber zur Beurteilung der örtlichen Verhältnisse besonders im Hinblick auf den Obstbau eine größere Bedeutung zukommen.

Schon bei einer oberflächlichen Betrachtung der Bodenfeuchtigkeitsdiagramme (siehe Seite 23) wird der große Gegensatz im Wasserhaushalt des Bodens der Obstplantage und der vegetationslosen Feldvergleichsfläche deutlich; man ersieht gleichzeitig, daß sowohl die höchsten als auch die niedrigsten Werte der Bodenfeuchtigkeit unter den Obstbäumen zu verzeichnen sind. Die Oberflächenzone unter den Bäumen ist stets feuchter als der Untergrund, der im Sommer selbst in der Marsch steppenhaft trocken erscheint. Auf der Feldvergleichsfläche ändert sich die Bodenfeuchtigkeit in der Oberflächenzone in sehr starkem Maße in Abhängigkeit von dem jeweiligen Witterungsgeschehen. Zeitweise ist die Oberfläche durchweicht, und der schmierige, klebrige Ton haftet in seiner Bindigkeit in großen Klumpen an den Schuhen; zu anderen Zeiten wiederum ist die Oberfläche staubtrocken, hart wie Stein und von langen, etwa 1 cm breiten Rissen durchzogen. Der Untergrund der Feldvergleichsfläche weist dafür allerdings über die ganze Beobachtungszeit hinweg einen größeren Wassergehalt als die mit Bäumen bestandene Fläche auf. Erfolgt unter dem Baumbestand in 10—30 cm Tiefe eine rasche Änderung der Bodenfeuchte zur Tiefe hin, so treten große Gegensätze in benachbarten Tiefenzonen auf dem Acker nur selten in Erscheinung. Abgesehen von der Oberflächenzone ist also der allgemeine Verlauf der Bodenfeuchtewerte auf der Feldvergleichsfläche ausgeglichener, und zu allen Zeiten ist hier in der gesamten erfaßten Bodenschicht eine größere Feuchtigkeitssumme vorhanden als unter den Bäumen. Sind damit schon in großen Zügen die Unterschiede aufgezeigt, so bedarf der Gang der Bodenfeuchte während der Untersuchungszeit vom 21. April 1951 bis zum 4. November 1952 noch einer eingehenden Darstellung.

Sowohl zu Beginn der Untersuchung als auch mit dem Abschluß der Erhebungen wies der Boden im Obstgarten und auch auf der Feldvergleichsfläche maximale Werte der Feuchtigkeit auf. Das im Sommer 1951 entstandene Defizit konnte in dem darauffolgenden Winter auf dem Acker ohne weiteres gedeckt werden, womit hier zu dieser Zeit ebenfalls Maximalwerte der Bodenfeuchtigkeit in den einzelnen Bodentiefen erreicht wurden. Auf Grund der geringen Niederschlagsmengen zur Zeit der Vegetationsruhe im Winter 1951/1952 konnte dagegen der Wassergehalt des Bodens in der Obstplantage nicht wieder auf den alten Stand gebracht werden, und nur den ausreichenden Sommerniederschlägen im Jahr 1952 war es zu verdanken, daß der Bodenwasserhaushalt in der Vegetationszeit nicht völlig in Unordnung geriet. Dabei lagen die Niederschläge im Untersuchungsgebiet noch höher als im Alten Land. Wenn es erlaubt ist, die in Erdbodenhöhe gemessenen Regenmengen mit jenen zu vergleichen, die in der Arbeit von J. van Eimern und E. Kaps (L. 35a, S. 235—240) angegeben werden, so ergibt sich folgende Gegenüberstellung:

	40jähriges Mittel (1891—1930)	Station Schadendorf	Altes Land
Niederschlagsmenge im Winter 1951/52 (Dezember—Februar)	160 mm	130 mm	130—140 mm
Niederschlagsmenge im Frühjahr 1952 (März—Mai)	144 mm	130 mm	90—100 mm
Niederschlagsmenge im Sommer 1952 (Juni—August)	241 mm	317 mm	um 270 mm

Winter und Frühjahr waren gegenüber dem langjährigen Mittel zu niederschlagsarm, während die Sommermonate sich durch übergroße Nässe auszeichneten. Nur der letzten Tatsache ist es zuzuschreiben, daß in der Vegetationszeit 1952 der Boden nur kurzfristig weniger als 15 % Feuchtigkeit enthielt, daß aber vor allem auch gegenüber dem Vorjahr der Boden in den Obstplantagen im Untergrund nur für eine kurze Zeitspanne auf 15—17,5 % verarmte.

Macht sich in dieser Weise der Witterungscharakter einer längeren Periode im Wasserhaushalt des Bodens bemerkbar, so ist auch die Auswirkung eines einzelnen Witterungsgeschehens unverkennbar, und der Gang der Bodenfeuchte läßt sich erst nach einer Erörterung dieser Beziehungen erfassen, wobei aber immer der Einfluß der Vegetation zu berücksichtigen ist, der sich aus dem Vergleich mit dem Gang der Bodenfeuchtigkeit auf dem Acker ergibt.

Mit dem Austreiben der Bäume im Frühjahr 1951 wird der Wasservorrat in einer Tiefe von 25—40 cm schnell aufgezehrt, und die Zone des Wasserentzuges schreitet langsam in die Tiefe fort und erfaßt besonders die Bodenzone bis 80 cm

Tiefe; auch im Jahre 1952 bietet sich vergleichsweise annähernd das gleiche Bild. Erstaunlich ist aber die Tatsache, daß während der Vegetationszeit dieser ganze Bodenraum sich auf eine Bodenfeuchtigkeit von 15—20 % einstellt, wobei sogar die obere Schwankungsgrenze zumeist bei 17,5 % liegt. Ist der Boden bei einem Wassergehalt von 22,5 % plastisch, wobei sich der Bohrer durch das Körpergewicht eindrücken ließ, so war es bei 15—17,5 % Bodenfeuchtigkeit nur möglich, den Bohrer mit Hilfe eines Hammers in das Erdreich zu treiben. Der Boden war steinhart und bröckelig; damit dürfte er sich aber schon weitgehend der Verarmungsgrenze genähert haben und für die Pflanzen physiologisch trocken geworden sein. Wenn auch nur zweimal im Laufe der Beobachtungszeit in einer Bodentiefe zwischen 30 und 50 cm Tiefe eine Bodenfeuchte von 12,3 % festgestellt wurde, so dürfte der Boden aber auch schon vorher dem Wasserentzug durch die Pflanzenwurzeln einen weitgehenden Widerstand entgegengesetzt haben, womit die Bäume gezwungen waren, andere Bodenzonen zur Wasserversorgung heranzuziehen. Wie aus dem folgenden Diagramm zu entnehmen ist, steht sowohl in der Oberflächenzone als auch im Untergrund nutzbares Bodenwasser zur Verfügung.

Grundwassermessungen im Jahre 1952 zeigten, daß bei hohen sommerlichen Niederschlägen auf der Feldvergleichsfläche mit nur kurzen Unterbrechungen ein Ansteigen des Grundwassers zu verzeichnen war, während andererseits im Obstgarten einer starken Absenkung des Grundwasserstandes im Juli, August und September erst mit dem Abschluß der Vegetationsperiode wieder ein Anstieg erfolgte.

Grundwassermessungen im Jahre 1952:

a) Höhe über oder unter mittlerem Grabenwasserstand.

b) Angabe des Grundwasserspiegels in cm Tiefe von der Erdoberfläche aus.

	a	b	a	b
Datum	Obstplantage		Feldvergleichsfläche	
12. 4. 52	+ 36 cm	163 cm	—	—
19. 4. 52	+ 35 cm	164 cm	—	—
3. 5. 52	+ 36 cm	163 cm	—	—
17. 5. 52	+ 38 cm	161 cm	— 23 cm	163 cm
14. 6. 52	+ 37 cm	162 cm	— 13 cm	153 cm
29. 6. 52	+ 40 cm	159 cm	— 4 cm	144 cm
12. 7. 52	+ 30 cm	169 cm	— 1 cm	141 cm
26. 7. 52	+ 18 cm	181 cm	± 0 cm	140 cm
9. 8. 52	+ 20 cm	179 cm	— 1 cm	141 cm
23. 8. 52	+ 17 cm	182 cm	— 2 cm	142 cm
6. 9. 52	+ 18 cm	181 cm	+ 2 cm	138 cm
20. 9. 52	+ 19 cm	180 cm	+ 4 cm	136 cm
4. 10. 52	+ 25 cm	174 cm	+ 6 cm	134 cm
18. 10. 52	+ 26 cm	173 cm	+ 10 cm	130 cm
4. 11. 52	+ 28 cm	171 cm	+ 10 cm	130 cm

Wenn man die Änderungen des Grundwasserstandes mit dem Gang der Bodenfeuchte vergleicht, so muß man feststellen, daß keine strenge Korrelation zwischen diesen beiden Größen besteht. Bei hohen Niederschlagssummen fallen allerdings um den 29. 6. 52 herum im Obstgarten hohe Bodenfeuchte und hoher Grundwasserstand zusammen. Auch die geringen Werte der Bodenfeuchte im Juli, August und September in 100 cm Tiefe gehen unter dem Baumbestand mit dem Absinken des Grundwassers parallel. Immerhin darf wohl gesagt werden, daß die Verlagerung des Grundwasserspiegels in die Tiefe bei gleichzeitiger Verarmung des Unterbodens auf einen Einfluß der Vegetation zurückzuführen ist. Ob es sich dabei um eine direkte Nutzung des Grundwassers handelt oder ob nur das auf dem Grundwasser stehende Kapillarwasser zur Wasserversorgung herangezogen wurde, konnte durch die vorliegenden Erhebungen nicht geklärt werden. Wird nur das Kapillarwasser dem Boden im Untergrund entzogen, so ist dieser Wasservorrat schnell verbraucht, denn nach S. Uhlig (L. 187, S. 160) beträgt die tägliche Nachlieferung bereits in 8 cm Höhe über dem Grundwasser nur noch maximal 3 mm pro Tag. Es sei hier aber noch bemerkt, daß zwischen dem Grundwasserspiegel und dem durch die Bodenfeuchtemessungen erfaßten Bodenraum auf der Feldvergleichsfläche noch eine 30—40 cm mächtige Bodenzone liegt; im Obstgarten ist die gleiche, messungsmäßig nicht erfaßte Zone sogar 60—80 cm dick. Der Frage einer eventuellen Wasserversorgung der Bäume aus dem Grundwasser in trockenen Sommern kommt eine große praktische Bedeutung zu, da hiervon die Notwendigkeit einer künstlichen Bewässerung in extremen Jahren abhängt; letzten Endes läßt sich die Frage nur auf Grund der Feststellung der Durchwurzelung des Erdbodens in den Obstplantagen der Marschen entscheiden.

Auch der verbreiteten Ansicht, daß eine Versorgung vom Graben her möglich ist, muß entgegengetreten werden, es sei denn, daß die Bäume unmittelbar am Wasser stehen. Eine Durchfeuchtung vom Graben her würde nur äußerst langsam wirksam werden, da der feinkörnige Marschboden dem kapillaren Eindringen des Wassers einen viel zu großen Widerstand entgegensetzt. Meßreihen quer zur Grabenrichtung über ein Beet hinweg, die diesem Fragenkomplex gewidmet waren, mußten ergebnislos abgebrochen werden, da der Einfluß der Witterung alle anderen Einflüsse überdeckte. Darüber hinaus könnte der Graben dann auch nur nach einem Aufstauen eine Bedeutung erlangen, da ja der Grundwasserspiegel im Obstgarten stets höher als der Grabenwasserspiegel war. Allerdings muß man in diesem Zusammenhang betonen, daß an nach Norden exponierten Grabenrändern eine feuchtere Zone des Bodens bis zu einer Höhe von 30—50 cm über dem Wasserspiegel zu beobachten war. Es konnte weiterhin bei dieser Gelegenheit festgestellt werden, daß in einem nur flach eingetieften Trockengraben in ganz wesentlicher Weise die Bodenfeuchtigkeit ansteigt und somit hier ein bedeutendes Wasserreservoir vorliegt. Die Bodenfeuchte lag hier beispielsweise am 20. 4. 52 um 40 % höher als in der gleichen Tiefe (20—30 cm) in Beetmitte und erreichte den höchsten gemessenen Wert von 66 %.

Bisher wurden die Bedeutung der gespeicherten Winterfeuchte, der Einfluß des Untergrundes, des Grundwassers und des Grabenwassers aufgezeigt. Weiterhin ist es noch notwendig, die Auswirkungen der laufenden Niederschläge zu untersuchen.

Wie oben schon dargelegt wurde, weist der Gang der Bodenfeuchte im Untergrund sowohl auf der Feldvergleichsfläche als auch im Obstgarten eine große Gleichförmigkeit auf. Der schwere Tonboden wirkt im ganzen Jahresgang weitgehend ausgleichend, was im folgenden Diagramm durch die weitständigen, horizontal und meistenteils auch parallel verlaufenden Linien gleicher Bodenfeuchte deutlich wird. Die Oberflächenzone dagegen ist durch einen schnelleren Wechsel und durch größere Amplituden des Bodenwassergehaltes charakterisiert. Die Werte der Bodenfeuchte in 30—40 cm Tiefe liegen im Obstgarten zwischen 12,5 und 22,5 %, auf der Feldvergleichsfläche zwischen 19 und 31 %; in der Oberflächenzone unter den Bäumen tritt dagegen eine Amplitude von 28 bis 51 % und auf dem Acker von 18 bis 36 % auf. Messungsmäßig sind diese kurzfristigen Unterschiede nicht zu erfassen, wie sie auch zeichnerisch nicht wiedergegeben werden können. Um aber die Bodenfeuchte in der Oberflächenzone unter den Obstbäumen ebenfalls im Diagramm festhalten zu können, wurden zur weitgehenden Elimination von Fehlern in der Darstellung umfassendere Meßbereiche gewählt, so daß die kleinen Unterschiede, die in der Tiefe noch zeichnerisch dargestellt werden konnten, fortfallen und in der Oberflächenzone nur der Einfluß länger wirkender oder bedeutsamer Witterungserscheinungen hervortritt. Hat die Oberflächenzone im folgenden Diagramm somit ein weitgehend einförmiges Gesicht bekommen, so muß man immer bedenken, daß hier in starkem Maße generalisiert wurde und Schwankungen innerhalb des dargestellten Meßbereiches vorhanden sind.

Aus den oben angegebenen gemessenen extremen Bodenfeuchtewerten wird schon die große Schwankungsbreite von 23 % in der Oberflächenzone der Obstplantage ersichtlich. Andererseits geht aus diesen Zahlen gleichzeitig hervor, daß die Erdbodenoberfläche mit einem gemessenen minimalen Wassergehalt von 28 % stets feuchter war als der Untergrund in 30—40 cm Tiefe, der den höchsten Wert mit einer Bodenfeuchte von 22,5 % erreichte. Selbst bei längerer Trockenheit und hohem Sättigungsdefizit der Luft wie beispielsweise Ende April und Anfang Mai 1952 gelangt die Oberfläche unter den Obstbäumen nicht zu einer Trockenstarre und Verkrustung, ja, man kann noch nicht einmal von einer Verarmung sprechen. Für die Erklärung dieser Erscheinung sind zwei Faktoren heranzuziehen: Auf der einen Seite wird die Bodenoberfläche unter einem Baumbestand weitgehend den Einwirkungen der Sonnenbestrahlung und des Windes entzogen, womit die Verdunstung an der Erdoberfläche stark herabgesetzt wird, und nach Atanasiu (L. 5, S. 9) ist die Verdunstung des Bodenwassers in einem Bestand gleich Null. Auf der anderen Seite hat die Oberfläche wasserspeichernde Eigenschaften. Durch den hohen Humusgehalt, den die Zone aufweist, kommt es zu einer Konservierung des Niederschlagswassers, und der Untergrund wird gar nicht erst von den kurzfristigen Schwankungen der Oberflächenzone erfaßt. Der hohe Humusgehalt wurde aber erst durch die Mulchwirtschaft, d. h. also durch eine umfassende Bodenpflegearbeit, erzielt. Soll aber durch diese Maßnahmen der Wasserhaushalt des Bodens geschützt werden, so muß die Grasnarbe unter den Bäumen stets kurz gehalten werden, da sonst der Wasserverbrauch des Grases zu hoch wird. Auf Grund der verschiedenen Ausgestaltung der Oberfläche im Obstgarten und auf der Feldvergleichsfläche kommt es zu einer unterschiedlichen Auswirkung von Niederschlägen und Trockenperioden, wie das aus den folgenden Ausführungen hervorgeht.

Die lockere, humose Oberfläche im Obstgarten nimmt selbst Starkregen in Form sommerlicher Gewitterregen auf, während diese Wassermengen auf der ungeschützten, schwer benetzbaren Oberfläche des Ackers abfließen, wie das besonders bei den Gewitterregen im Juli 1951 deutlich wurde. Durch diese Regenfälle wurde genau wie im Juni 1952 eine völlige Durchfeuchtung des Bodens der Obstplantage erreicht. Während aber 1951 auf Grund des Gewitterregens vom 11. Juli auf der Feldvergleichsfläche kaum eine Änderung des Bodenwasserhaushalts zu verzeichnen war, bewirkte die sich aus mehreren Niederschlagswerten ergebende hohe Regensumme von über 80 mm in der Zeit vom 14. bis zum 29. Juni ebenfalls auf dem Acker eine Durchfeuchtung des Bodens bis in den Untergrund, und es wurde sogar in 20—40 cm Tiefe wieder die winterliche Speicherfeuchte erreicht.

Regenfälle wie im September 1951 brachten andererseits der Oberfläche des Ackers eine vorübergehende starke Erhöhung des Wassergehaltes, während sie im Boden der Obstanlage nur eine minimale Verlagerung der Zonen gleicher Bodenfeuchte zur Tiefe hin hervorriefen. Wenn die Bodenfeuchte auf dem Acker den für 1951 niedrigsten Wert im Oktober erreichte, so ist das auf die Regenlosigkeit, den dauernden Ostwindeinfluß und ein für diese Jahreszeit beachtliches Sättigungsdefizit der Luft am Tage zurückzuführen (relative Luftfeuchtigkeit in den Mittagsstunden um 50 %). Die gleiche Witterungsphase macht sich in der Oberflächenzone unter den Obstbäumen kaum bemerkbar.

Alle diese Tatsachen müssen auf die unterschiedlichen Eigenschaften der Oberflächen zurückgeführt werden, und es sei daher nochmals auf die Bedeutung der Mulchwirtschaft für den Obstbau hingewiesen. Liegt der Nachteil dieser Bodenpflege in der ewig feuchten Oberfläche und damit in einer Gefahr der Verbreitung von Pilzkrankheiten (für die Ascosporenentwicklung im Frühjahr ist das Mikroklima am Boden entscheidend), so wird man damit auf der anderen Seite aber gerade den Ansprüchen der Obstbäume gerecht, was sich in einem verstärkten Wachstum der Bäume ausdrückt. Dabei schicken die Bäume dann (nach einer mündlichen Mitteilung von Herrn Dr. Loewel) ihre Wurzeln in die bodenoberflächennahe feuchte Schicht, womit wiederum eine Düngung mehr Erfolg verspricht und schneller wirksam werden kann. Vor allem soll aber dann die Baumkrone die gleiche flache Form annehmen, wie sie das weitverzweigte, flache Wurzelsystem in einem Boden mit Mulchwirtschaft aufweist, in dem die biologischen, chemischen, physikalischen und bodenfeuchtemäßigen Bedingungen sich einem für den Obstbaum optimalen Zustand genähert haben.

Durch die Mulchwirtschaft wird nämlich eine Verschlämmung der Oberfläche verhindert, wie andererseits eine Durchlüftung noch durch eine vorzügliche Bodengare gewährleistet wird. Dieser humusreiche Lockerboden dürfte mit seiner wasserhaltenden Fähigkeit bei gleichzeitiger Aktivierung der Bodenmineralien die Wasserversorgung der Obstbäume zum weitaus größten Teil regeln, denn das Zusammendrängen der Linien gleicher Bodenfeuchtigkeit in einer Bodentiefe von 10—30 cm kann nicht nur auf Strukturunterschiede des Bodens zurückgeführt werden, sondern muß auch in dem fortlaufenden Wasserentzug durch die feinsten Baumwurzeln gesucht werden. Nur zu Beginn und am Ende der Untersuchungszeit im April 1951 und November 1952 machte sich die ausgleichende Wirkung des Tonbodens bemerkbar, während im Winter die Niederschläge nicht zur Auffüllung der Wasserkapazität des Bodens ausreichten. Ganz abgesehen von der eventuellen Fähigkeit der Bäume, ihren Wasserbedarf aus dem Untergrund zu decken, wurde die Gefahr eines akuten Wassermangels in diesen beiden Jahren durch die reichlichen sommerlichen Niederschläge gebannt. Diese wurden aber auch wiederum von der Vegetation verbraucht. Nur im Juli 1951 und im Juni 1952 kam es während der Vegetationszeit zu einer völligen Durchfeuchtung des Bodens im Obstgarten, wobei dann auch der Boden seine Härte verlor. Zu einem Durchsickern des Niederschlagwassers kommt es also während der Sommermonate nur sehr selten. Daraus ergibt sich als weitere Folgerung, daß die mit Obstbäumen bestandenen Flächen in geringerem Maße der weiteren Degeneration des Bodens ausgesetzt sind; bei der heutigen Wirtschaftsweise wird im Gegenteil eine Bodenverbesserung erzielt werden. Auf der Ackerfläche kann dagegen aus der Tatsache, daß die Bodenzone um 20 cm Tiefe mit einer auffallenden Häufigkeit größere Feuchtigkeitswerte aufweist als die benachbarten Zonen (auch im folgenden Diagramm kommt das z. T. zum Ausdruck) geschlossen werden, daß hier an der unteren Grenze der Bodenbearbeitung eine Verdichtung und damit eine Bodenverschlechterung erfolgt ist, die sich in einer erschwerten Durchlässigkeit für das Niederschlagswasser ausdrückt.

Allgemein sei noch einmal betont, daß sich an beiden Untersuchungspunkten im Laufe des Sommers eine Zone geringerer Feuchtigkeit im Untergrund herausbildete. Diese Erscheinung trat in der Obstplantage stärker hervor. Der Frühjahrsbestand reichte nur für den Austrieb und die Vegetationszeit bis in den Sommer hinein, und es kam dann im Untergrund zu einer weitgehenden Verarmung, wie das in beiden Jahren im Juli und August deutlich wurde. Bei gesteigertem Wasserbedarf bis in den September hinein erfolgte im Obstgarten im Gegensatz zur Feldvergleichsfläche im Jahre 1952 trotz der hohen sommerlichen Regenmengen nur z. T. eine Auffüllung der Bodenfeuchtigkeit. In Dürrejahren (1947) kommt daher der Frage einer notwendigen Bewässerung eine große Bedeutung zu, zumal nach W. Herbst (L. 35b Ellenberg, S. 13) die Obstgehölze nicht immer durch Welkeerscheinungen den Zustand eines Wassermangels anzeigen. Wenn ein Welken beobachtet wurde, ist es häufig aber schon zu spät, da vorher eine irreversible Schädigung eintrat.

Weiterhin ergab sich aus den Erhebungen, daß die Niederschläge mitunter auf der Feldvergleichsfläche durch die Verdunstung sofort wieder aufgezehrt wurden (17. Mai 1952), während die gleichen Regenfälle in der Oberflächenzone des Obstgartens sogar im Diagramm zum Ausdruck kommen. Und wenn sie hier kaum eine Änderung hervorriefen, so brachten sie dem Feld bei feuchter, wolkenreicher Witterung eine Erhöhung der Bodenfeuchtigkeit bis in große Tiefen. Der Gang der Bodenfeuchte ist eng an das Witterungsgeschehen gekoppelt; der Grad der Auswirkungen ist von den Eigenschaften der Bodenoberfläche abhängig und wird in stärkster Weise durch die Vegetation modifiziert.

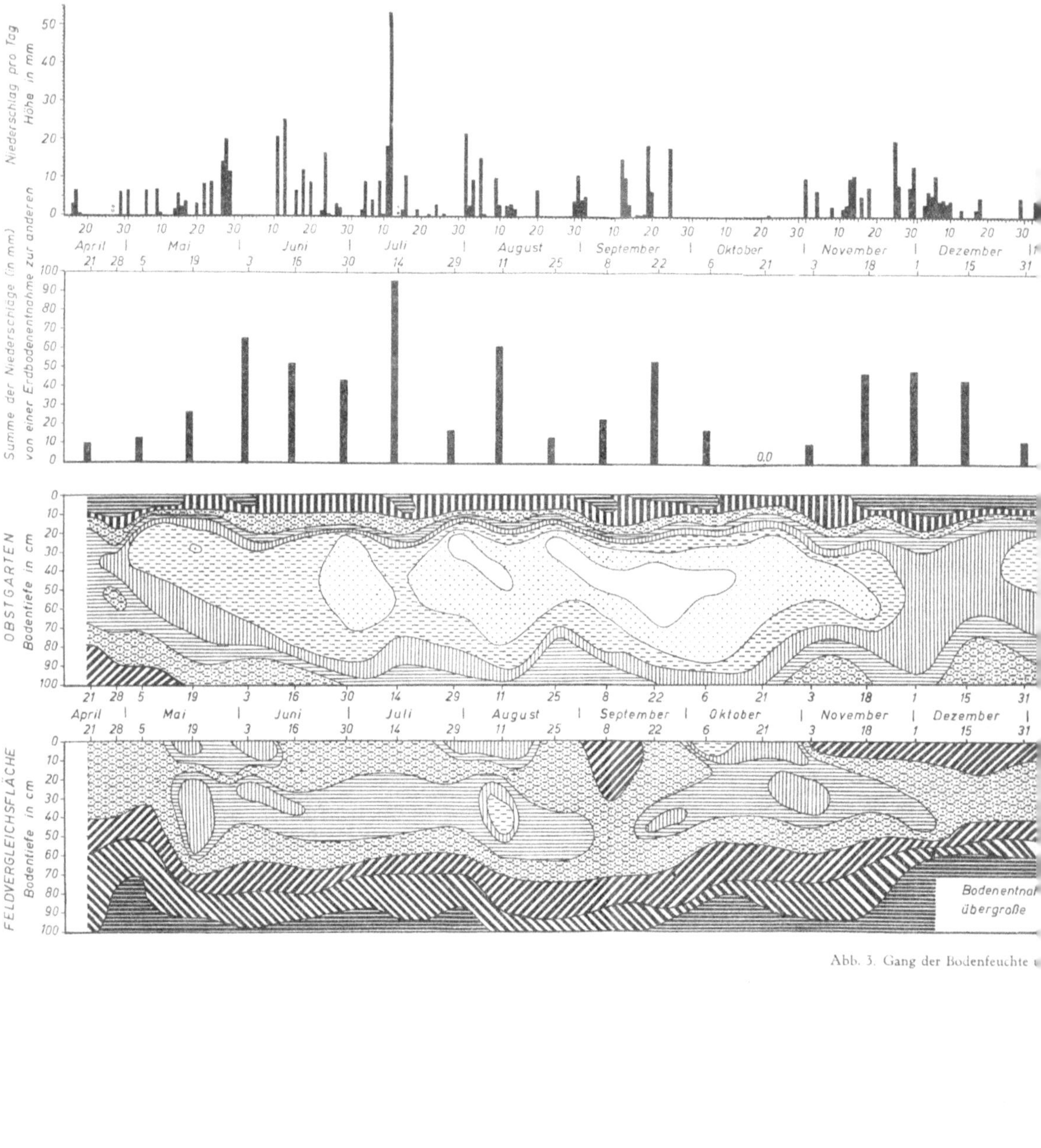

Abb. 3. Gang der Bodenfeuchte

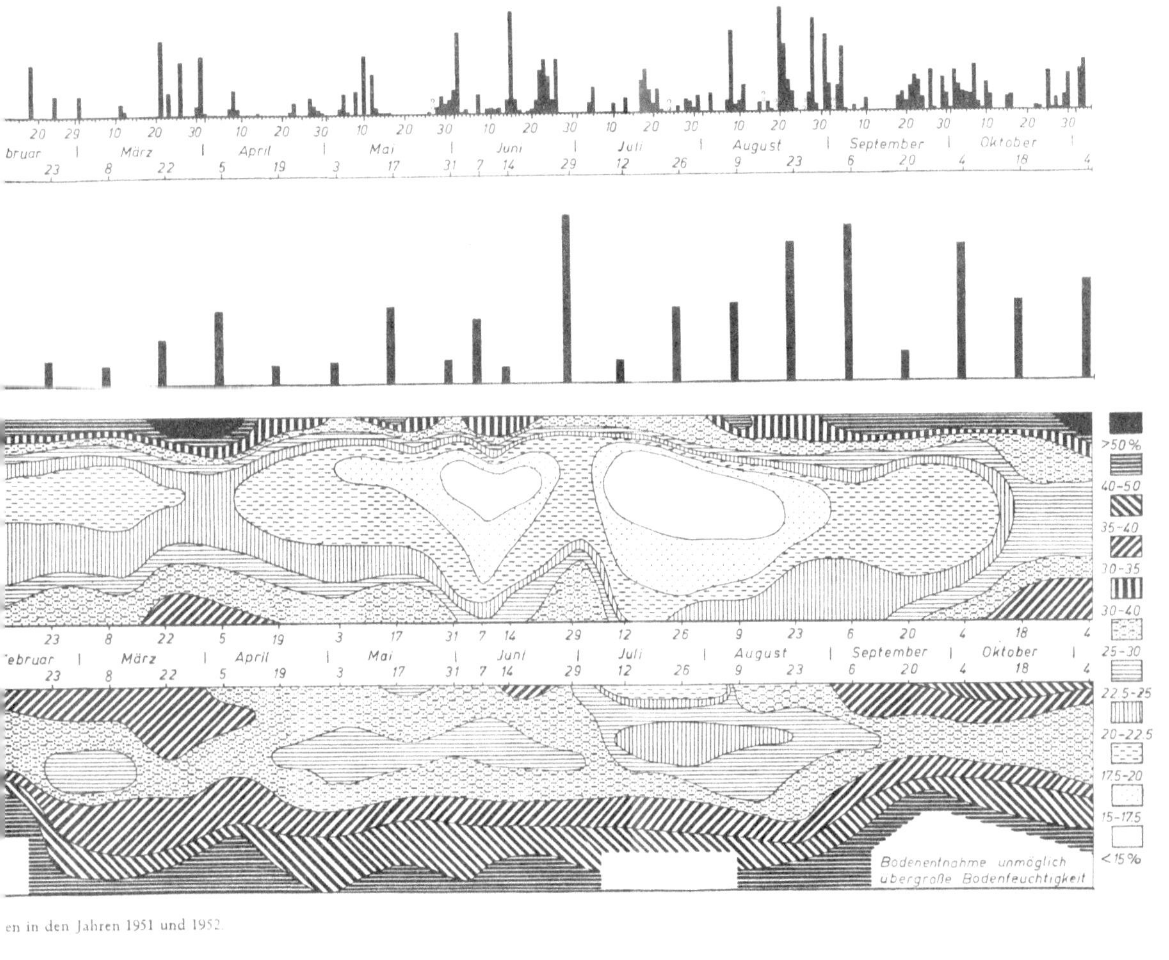

en in den Jahren 1951 und 1952.

Trotz der vorliegenden Meßwerte konnte das Wasserversorgungsproblem in dem kurzen Zeitraum zweier Versorgungsperioden nicht eindeutig geklärt werden, zumal eine Wasserversorgung der Bäume in diesen beiden Jahren, soweit sich das bis heute übersehen läßt, immer gesichert war. Fest steht aber, daß die Bäume dem Untergrund große Mengen an Wasser entziehen und daher der Marschenboden im Bereich der Obstplantagen nicht mehr als Naßboden angesprochen werden kann. Ferner weist die Oberflächenzone immer hohe Feuchtigkeitswerte auf. Durch die Mulchwirtschaft ist hier eine Humusanreicherung und eine bessere Bodengare erzielt worden, und die Strukturverhältnisse haben damit eine Änderung erfahren. Diese Zone wirkt wie ein Schwamm, der den Wasserhaushalt des Bodens reguliert; praktisch ist damit auf Grund der Bewirtschaftungsweise der Zustand eines künstlichen Waldbodens geschaffen worden. Auf Grund der Erhebungen läßt sich auch zu der Frage Stellung nehmen, wie ein Wald den Wasserhaushalt eines Bodens beeinflußt. Als Ergebnis läßt sich kurz sagen, daß ein Baumbestand in der Oberflächenzone wassersammelnd wirkt, während im Untergrund ein starker Wasserentzug den Boden austrocknet. — Die Frage, ob das Grundwasser von den Bäumen zur Deckung des Wasserbedarfs genutzt wird, konnte nicht gelöst werden. Bei einer notwendigen Bewässerung wird aber das Aufstauen der Gräben keinen Erfolg haben, es sei denn, daß man für eine kurze Zeit den ganzen Boden einer Obstplantage überstauen kann.

2. Das Klima des Unterelberaumes und kleinklimatische Sondererscheinungen in den Marschen.

Wenn in dem vorhergehenden Teil der Wasserhaushalt des Bodens und die Wasserversorgung der Obstbäume einer eingehenden Betrachtung unterzogen wurden, so war es notwendig, immer wieder auf die Bedeutung ausreichender Niederschläge hinzuweisen. Erhält der Standort nicht genügend Niederschlagswasser, so läßt sich allerdings bei Vorhandensein von Untergrund- oder Oberflächenwasser (Brunnen, Flüsse, Quellen) das Defizit durch künstliche Bewässerung ausgleichen, wie das heute in weiten Gebieten der Erde in Obstplantagen der Fall ist (Kalifornien, Mittelmeerländer, Südafrika, Australien und Neuseeland). Ohne die Rentabilität zu gefährden, lassen sich dort Standorte nutzen, die unter natürlichen Niederschlagsbedingungen für Baumkulturen nicht geeignet wären.

Nur sehr schwer und mit erheblichem Kostenaufwand lassen sich aber bis heute die anderen klimatischen Verhältnisse abändern, so daß von dieser Seite her gesehen nur einige Gebiete auf der Erde für Obstkulturen als besonders geeignet erscheinen. Sowohl das Großklima als auch die lokalklimatischen Bedingungen und die an das Wettergeschehen gebundenen Extremwerte müssen bei der Beurteilung eines Standortes berücksichtigt werden, wie auch die Abänderung der Witterung durch die lokalen geographischen Grundlagen in die Darstellung einbezogen werden muß. Aus den Worten von W. Dammann (L. 26, S. 14) ersieht man, was für ein komplexes Gebilde man in dem Klima einer Landschaft vor sich hat, und wie sich diese Erscheinung des Raumes erst aus dem Wechselspiel der verschiedensten Faktoren verstehen läßt: „. . . gemeinhin ist die Auffassung vertreten, daß Klimaunterschiede auch Unterschiede in der Häufigkeit bestimmter Witterungstypen zur Voraussetzung hätten. Tatsächlich aber ist die Witterungsfolge, d. h. die Aufeinanderfolge regnerischer und trockener, kalter und warmer

Witterungsabschnitte in einem Gebiet wie dem Nordwestdeutschlands einschließlich der nordwestdeutschen Mittelgebirge von einer erstaunlichen Gleichförmigkeit. Verschieden ist nur die Auswirkung der Witterungsperioden hinsichtlich Sonnenscheindauer, Niederschlagshöhe, Windgeschwindigkeit usw. Und diese verschiedene Auswirkung der gleichen Witterungsabschnitte — nicht so sehr die verschiedene Häufigkeit — liefert uns den Schlüssel zum Verständnis der Klimaunterschiede. Es zeigt sich nämlich, daß sich die Einflüsse der allgemeinen physikalisch-geographischen Grundbedingungen des Klimas bei allen Witterungsperioden mehr oder weniger durchsetzen, gleichgültig, ob es sich um trockenes Schönwetter bei Hochdruckwetterlagen oder um stürmische, regnerische Witterung bei dem Vorüberzug von Tiefdruckgebieten handelt." Und wenn W. Dammann weiter sagt, daß „das Klima, wie man sagen könnte, nicht abhängig von der Gunst oder Ungunst einzelner Witterungsperioden, sondern eine unabdingbare Eigenschaft der geographischen Lage ist", so streicht er damit nochmals die Bedeutung der Örtlichkeit für die Ausprägung des Klimas heraus.

Flohn (L. 40, S. 7) definiert das Klima als die Aufeinanderfolge, Häufigkeit und örtliche Ausbildung der kennzeichnenden Witterungen. In einer länderkundlichen Untersuchung sind aber nicht nur die kennzeichnenden Witterungsperioden von Interesse, wie sich auch nicht die Gunst oder Ungunst einzelner Witterungsabschnitte (siehe oben) vernachlässigen lassen. Für den Geographen, der das Zusammenwirken von Klima, Pflanzenwelt, Bodengestalt und Bodenbeschaffenheit in ihrer Beziehung zur Kulturarbeit des Menschen untersucht, „drückt sich das Klima eines Landes erst im ganzen Verlauf der Witterung aus" (L. 68, Hettner, S. 221 u. 223). Es sind häufig gerade die abnormen Verhältnisse, die wetterwirksam und damit für die Ausgestaltung einer Landschaft von überragender Wichtigkeit sind.

Im Rahmen dieser Arbeit wird man zweckmäßigerweise, ausgehend von dem Mittelwerten, eine Erörterung der klimatischen Elemente und ihrer Werte im Hinblick auf den Obstbau vornehmen, um über eine Beschreibung der Witterung in Abhängigkeit von der Wetterlage zu einer Durchdringung des Fragenkomplexes zu kommen. Immer aber muß man sich vor Augen halten, daß alle Erscheinungen gesteuert und bedingt werden durch die Lage im großen als Küstenland innerhalb der europäischen Gasse, daß die spezielle Ausprägung aber durch die Erscheinungsformen der Witterung im Elbegebiet erfolgt und sich sowohl zeitweise eine Sonderstellung des ganzen Stromgebietes als auch einzelner Marschen und weiterhin der natürlichen Landschaftszonen innerhalb der Marsch (Randmoorsenke, Sietland, Hochland) herausbilden kann.

Flohn sagt dazu (L. 40, S. 17): „Wenn wir uns auf typische Fälle beschränken, finden wir die Möglichkeit zu weitgehend selbständiger (autochthoner) Klimabildung nur bei antizyklonaler Großwetterlage, dagegen unselbständige (allochthone) Klimabildung bei zyklonaler Großwetterlage. Während bei selbständiger Witterung die örtlichen Faktoren (Strahlung, Boden) das Klima der bodennahen Luftschichten in weitgehendem Maße abwandeln, haben sie bei unselbständiger Witterung nur geringen Einfluß."

Bei antizyklonaler Großwetterlage, d. h. an windschwachen, schönen Tagen, werden die wetterwirksamen Komponenten einer Landschaft besonders zur Geltung kommen und lassen sich dann auf kleinstem Raum untersuchen. Diese mikroklimatischen Untersuchungen stellen heute eine unbedingte Notwendigkeit, aber auch eine nicht zu unterschätzende Bereicherung bei der Beurteilung eines Raumes dar und bilden auch in dieser Arbeit einen wichtigen Teil der Klimadarstellung.

Dabei weist der Klimabegriff in dem Worte Mikroklima kaum noch eine Parallelität zu demjenigen der allgemeinen Klimatologie auf. Flohn sagt dazu (L. 40, S. 4): „Während im Makroklima und im Landschaftsklima noch das Klima als Zustand aufgefaßt werden kann, verliert das im Kleinklima und besonders im Feingefüge des Mikroklimas jeden Sinn. Hier tritt das dynamische Element rein zutage, und gerade die stete Unruhe bezeichnet das Wesentliche des klimatischen Feingefüges." Die allgemeine Klimatologie beschäftigt sich also mit den kennzeichnenden Zuständen, Erscheinungen und Abläufen in der Atmosphäre, während man in der mikroklimatologischen Forschung den tatsächlichen Verhältnissen näher kommt. Zur Charakterisierung einer Örtlichkeit werden hier häufig gerade die abnormen Verhältnisse einer Untersuchung unterzogen. Dabei hat man es in der Mikroklimatologie nicht mehr mit einer Mittelwertsforschung zu tun, sondern die Abläufe über einen mehr oder minder langen Zeitraum werden unter Berücksichtigung der Großwetterlage in einem eng begrenzten Raum festgehalten.

Aus der Gesamtheit der Mittelwerte, dem Bild des Witterungsablaufs und den kleinklimatischen Verhältnissen dürfte man dann die Eigenheiten der rechtselbischen Marschen unterhalb Hamburgs charakterisieren können und zu einer Beurteilung des Gebietes für den Obstbau auch in klimatischer Hinsicht kommen. Eigene Messungen und Beobachtungen tragen ebenso dazu bei, wie auch in Ermangelung von langjährigen Meßreihen im Bereich der Haseldorfer und Seestermüher Marsch auf Werte naheliegender Stationen zurückgegriffen werden muß. Wo die Elbe nach dem Passieren der Engtalzone zwischen den Harburger Bergen und den Blankeneser Höhen sich zu ihrem immer breiter werdenden Mündungstrichter erweitert, beginnt der Saum der Flußmarschen. 75 km von der Küste entfernt macht sich der maritime Einfluß noch in starkem Maße bemerkbar. Ungehindert können die westlichen Luftströmungen in das nur wenige Meter über dem Meeresspiegel liegende Land eintreten, und doch läßt sich aus der Zunahme der sommerlichen Bewölkung und Niederschlagshöhe auf einen allmählichen, von der Küste zum Binnenland fortschreitenden Übergang zum kontinentalen Klimabereich schließen.

725 mm Regenmenge jährlich vermag aber ebenso wenig die klimatischen Gegebenheiten des Raumes zu beleuchten, wie mit der Angabe der mittleren Jahrestemperatur von 8° eine Aussage über die Temperaturverhältnisse gemacht werden kann. Niederschlagswerte von über 1000 mm jährlich treten ebenso auf wie solche, die nicht 500 mm erreichen. Extrem kalte Winter sind ebenso häufig wie jene, in denen der Schnee kaum liegen bleibt. Und man kann beinahe sagen, daß die einzige Regelmäßigkeit im nordwestdeutschen Flachland in der Ungleichförmigkeit des Witterungsablaufes der Jahre liegt.

Die Ursachen für diese Erscheinungen sind in der mannigfaltigen Ausbildung von Großwetterlagen zu suchen, wobei die Steuerungszentren des Azorenhochs und des Islandstiefs immer wieder wetterwirksam werden. Aus dem Vordringen und Zurückweichen der polaren und tropischen Luftmassen sowie dem an der Kontaktzone wirksamen physikalischen Kräftespiel müssen diese Vorgänge verstanden werden, die darüber hinaus gebunden sind an die in der gemäßigten Zone von West nach Ost gerichtete Zirkulation der Atmosphäre und an das Zusammenwirken kontinentaler und maritimer Luftmassen mit ihren für diesen Raum fremdbürtigen Eigenschaften.

Die Mittelwerte wie auch die Extremwerte können somit nur eine formale Bedeutung bei der Darstellung der Eigenheiten des Elbegebietes erlangen, sind aber zum Vergleich mit anderen Orten durchaus geeignet und müssen in dieser Hinsicht auch gewertet werden. Und wenn der Bioklimatische Atlas von Schleswig-Holstein (L. 56) besonders von der Praxis her einer starken Kritik ausgesetzt war, so dürfte sein Wert gerade in dieser Vergleichsmöglichkeit zu suchen sein, womit dann auch die Darstellung der Klimaelemente in sehr engen Intervallen eine gewisse Berechtigung erfährt. Durch diese Darstellung war es Hagemann und Voigts zumindest möglich, charakteristische Eigenschaften der einzelnen Gebiete aufzuzeigen und somit zu einer klimatischen Gliederung dieses bei einer oberflächlichen Betrachtung gleichartigen Raumes zu gelangen.

In diesem Atlas wie auch in der Abhandlung von J. Seemann (L. 171a) kommt die Sonderstellung der Elbmarsch in starkem Maße zum Ausdruck, was auch noch durch eine mündliche Mitteilung von Herrn Dr. Dammann unterstrichen wird. Danach hat das Marschengebiet beiderseits der Elbe 220 aufeinanderfolgende frostfreie Tage im Jahr gegenüber der Lüneburger Heide mit nur 120 frostfreien Tagen. Bei allgemein spätem Vegetationsbeginn gegenüber den südlichen Teilen Deutschlands zeichnete sich 1947 beispielsweise der Marschenraum, der durch den Umkreis über Krempe, Glückstadt, Stade, Horneburg, Buxtehude, Wedel, Uetersen, Elmshorn und Krempe begrenzt wird, durch den frühesten Vegetationsbeginn im nördlichen Niedersachsen und in Schleswig-Holstein aus. Auch andere Jahre zeigen ähnliche Verhältnisse.

Wenn der Beginn und das Ende der Obstblüte in den Marschen von dem Termin auf der Geest nicht abweicht, so ist das wohl z. T. mit auf die langsamere Erwärmung des Marschenbodens zurückzuführen. Obgleich ein nasser Boden die Wärme besser zur Tiefe hin ableitet als ein trockener, lufthaltiger Boden (Sandboden), schreitet die Durchwärmung des Marschbodens nur langsam voran, wie sich das aus einem Vergleich der Bodentemperaturmessungen aus dem Botanischen Garten in Hamburg mit Werten ergibt, die im Frühjahr 1952 in der Marsch gemessen wurden. Der Marschboden benötigt auf Grund seiner größeren Wärmekapazität

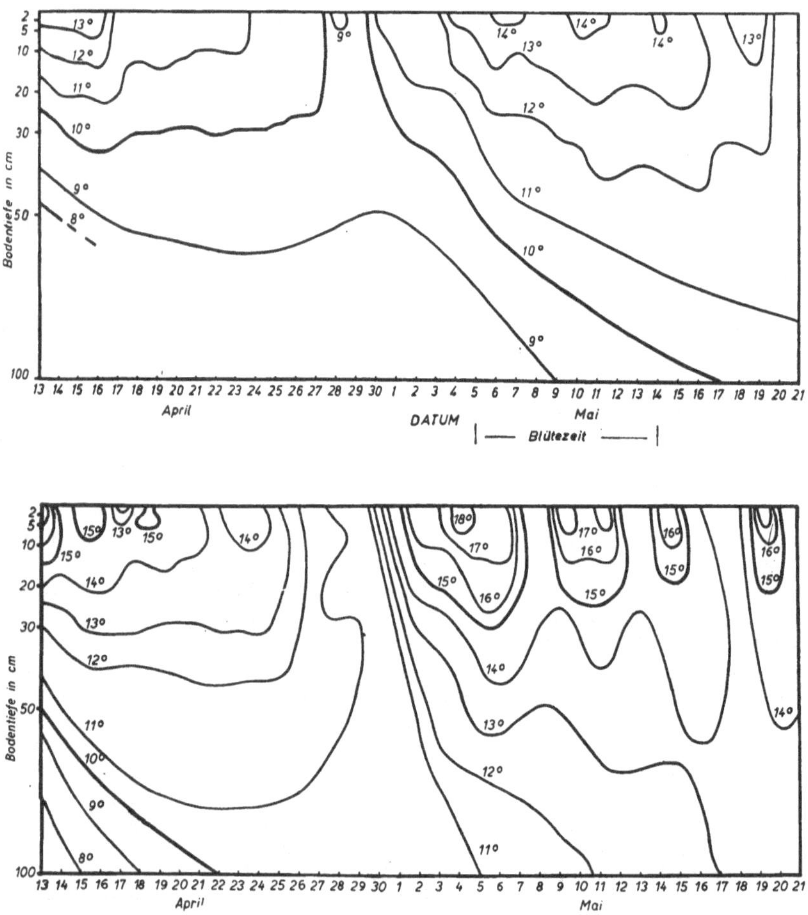

Abb. 4. Bodentemperaturen bis 100 cm Tiefe im Marschboden (oben) und im Botanischen Garten Hamburgs (unten). (Entnommen den Wetterkarten Nr. 102 und 127, Jahrg. 5 des Meteorologischen Amtes für Nordwestdeutschland).

(das Wasser im Boden muß mit erwärmt werden) eine unvergleichlich höhere Zufuhr von Energie in Form von Strahlung als ein Sandboden, um eine bestimmte Temperatur zu erreichen. Ein steter Wärmeverbrauch durch Verdunstung vermehrt den Energiebedarf eines Naßbodens noch weiterhin. Erscheint das Bodenklima dadurch kälter, so darf man aber andererseits nicht vergessen, daß die Tagesamplitude gemildert wird und schon unter der Grasnarbe in den Obstgärten in einer Tiefe von 30 cm von einem Tagesgang der Temperatur nicht mehr gesprochen werden kann. Bei einer Beschattung der Oberfläche in den Obstplantagen ist dabei eine Überhitzung unmöglich; gehemmt durch den Grasbewuchs und gemildert durch die große Wärmekapazität kann die Abkühlung während der Nacht nur die obersten Bodenzonen erfassen. Der Beginn der Blühphase fiel in der Marsch mit der Erwärmung der Hauptwurzelzone in 40—50 cm Tiefe auf eine Temperatur von 10° zusammen. Ob dieser Wert immer als Schwellenwert für den Beginn der Blühphase anzusprechen ist, muß einer jahrelangen Untersuchung vorbehalten bleiben.

Bei gleichzeitigem Aufblühen der Knospen in der Marsch und auf der Geest ist jedenfalls die Marsch viel weniger frostgefährdet als der Mittelrücken Schleswig-Holsteins und der Südosten des Landes. Das geht vor allem aus den Karten der frostfreien Obstblüte und der frostfreien Apfelblüte hervor, die von J. Seemann (L. 171a, S. 14 u. 15) für den Zeitraum von 62 Jahren erarbeitet wurden. Abgesehen von dem Zeitpunkt der Blüte, hat der Küstensaum der Nordsee von der Mündung der Ems bis Husum, der Küstenstrich der Ostsee und das Gebiet der Elbe von der Mündung bis Hamburg in über 60 % der Jahre mit einer frostfreien Obstblüte zu rechnen. Damit sind diese küstennahen Gebiete noch mehr begünstigt als die Obstbaugebiete am Niederrhein (40—60 %). Auf dem Mittelrücken Schleswig-Holsteins und im Südosten des Landes im Raume Lübeck—Ratzeburg—Lauenburg treten in 60—80 % aller Jahre in der Zeit der Blüte Schadensfröste auf. Wenn auch für die Apfelblüte die Verhältnisse allgemein günstiger liegen (Küstensaum der Nord- und Ostsee, Marschen an der Niederelbe und Obstbaugebiet im Raum Bonn—Köln in über 80 % aller Jahre frostfreie Apfelblüte; Südosten Schleswig-Holsteins in 40—60 % aller Jahre frostfreie Apfelblüte), so tritt doch die klimatische Bevorzugung der Untersuchungsgebietes dieser Arbeit hervor. Hagemann und Voigts (L. 56, Karte III, 1) stellen das Hochland der Haseldorfer und Seestermüher Marsch dem Gebiet zwischen Lühe und Schwinge im Mai als mäßig frostgefährdet an die Seite, und nach der gleichen Karte ist nur der rechtselbische Marschensaum unterhalb der Krückaumündung noch besser gestellt. Ob es sich bei diesen Frösten um eine Auswirkung von Advektiv- oder Strahlungsfrösten handelt und ob in der Marsch diese klimatischen Erscheinungen eine Abänderung erfahren, soll im Rahmen der Witterungs- und Kleinklimadarstellung erörtert werden. Seemann jedenfalls behandelt den Elbraum nicht gesondert und spricht nur von der bei einem späten Obstblütetermin durch die Meeresnähe begünstigten Küstenzone.

Auch im Herbst sind die gleichen Gebiete hinsichtlich der Frostgefährdung weniger betroffen; nur Angeln wird in dieser Zeit schon früher von Frösten heimgesucht (L. 56, Karte IIIa). Mit dem Einsetzen des ersten Frostes ist in den Marschen etwa zwischen dem 20. 10. und 25. 10. zu rechnen, während die Gebiete um die Lübecker Bucht meist noch bis zum 5.—10. November frostfrei bleiben.

Im Sommer und auch im Winter werden in den Marschen (wie an der Küste) nicht die Extremwerte verzeichnet wie im Innern des Landes. Der ganze Jahresgang erhält ein gemäßigteres Gepräge, wobei der Gegensatz zu den Geestgebieten auffallend groß ist und durch die Anzahl der Tage mit Schneedecke vielleicht charakterisiert wird:

Marschgebiete	25 Tage im Jahr Schneedecke
Quickborn	30 Tage im Jahr Schneedecke
Ulzburg	35 Tage im Jahr Schneedecke

Dabei zeigen aber auch noch die Marschgebiete untereinander erhebliche Unterschiede. Nach einer Mitteilung von Herrn Dr. Loewel von der Obstbauversuchsanstalt des Alten Landes erfroren in jenem Gebiet im Winter 1939/40 50 % des Baumbestandes Schöner von Boskoop. Temperaturen unter —25° sollen von dieser Apfelsorte nicht mehr vertragen werden. Im Alten Land erreichten die Temperaturen in jenem Winter —28°, während in dem Marschgebiet an der Oste, im Lande Hadeln, weiter zur Elbmündung hin nur Kältegrade bis zu —23° auftraten und keine Minderung des Baumbestandes verzeichnet wurde. Scheint damit eine Begünstigung der weiter seewärts gelegenen Marschen vorzuliegen, so darf man andererseits nicht vergessen, daß an dem flußaufwärts gerichteten Ende des Mündungstrichters die Erwärmung im Frühjahr schneller vonstatten geht als in der Nähe des Meeres. Ebenso setzt sich gegenüber den küstenwärts gelegenen Gebieten im Jahresmittel eine geringere Windgeschwindigkeit durch, wie auch das Gebiet beiderseits der Elbe von den Vierlanden bis Glückstadt einen geringeren Bevölkerungsgrad und damit parallel gehend eine höhere Sonnenscheindauer als die anderen Marschgebiete aufweist. Bei einem Jahresmittel von 4,9 Stunden Sonnenschein täglich (Stade) fallen besonders die Monate Mai und Juni sowie September, Oktober und November gegenüber den anderen Marschgebieten mit höherem Sonnenschein heraus (L. 56, Karten: I 2a—f, I 2g—m, I 2n, I 3a—e).

Darüber hinaus weisen die Marschgebiete oberhalb der Schwingemündung wesentlich geringere Niederschlagsmengen auf als die Geestgebiete, aber auch als die weiter seewärts gelegenen Marschen, wie das sowohl aus den langjährigen Mittelwerten als auch aus der Untersuchung von J. van Eimern und E. Kaps (L. 35a) ersichtlich ist. Bei einem Jahresmittel von 770 mm Niederschlag (1891—1930) hat Freiburg (Kehdingen) wesentlich höhere Regenmengen als Stadersand (713 mm) (L. 204a, S. 50); auch in der Haseldorfer und Seestermüher Marsch liegen die mittleren Niederschlagsmengen mit 725 mm relativ niedrig, und erst auf der Geest steigen dann die Werte auf über 800 mm an.

Geben die Mittelwerte schon einen Einblick in die klimatischen Eigenarten eines Raumes, so sollte man immer bedenken, daß der Witterungsablauf eines Jahres z. T. in diesen Werten zum Ausdruck kommt und durch örtliche Einflüsse im Hinblick auf den vorliegenden Untersuchungskomplex durchaus eine Verschlechterung oder Verbesserung der Anbaubedingungen für Baumkulturen gegeben sein kann. Sind Kehdingen und Hadeln in bezug auf die Extremtemperaturen im Winter und hinsichtlich der jährlichen Niederschlagsmengen begünstigt, so erhalten das Alte Land und die Haseldorfer Marsch mehr Sonnenschein, weniger Wind und im Frühjahr eine größere Wärme. Das läßt aber noch keine endgültige Beurteilung zu; vielmehr bedingen charakteristische und dann auch vor allem extreme Witterungsphasen, modifiziert durch die Morphologie, den Boden, die Verteilung von Land- und Wasserflächen sowie durch die Lage von Kulturen und Gebäuden, in starkem Maße die Eigenschaften eines Raumes. Und wenn von K. Knoch auf Grund der wechselnden mikroklimatischen Eigentümlichkeiten eines Raumes auf die Bedeutung der Geländeklimatologie (L. 85) hingewiesen wird und von ihm eine Landesklimaaufnahme (L. 86) gefordert wird, und wenn auch besonders durch die Arbeiten von R. Geiger (L. 43—48) die klimatischen Verhältnisse in der bodennahen Luftschicht zu einem wichtigen Forschungsproblem wurden, so muß man mit Flohn (L. 40, S. 18) aber fordern, daß „das Mikroklima einer bestimmten Örtlichkeit . . . niemals allein durch seine Eigenschaften bestimmt werden kann, die es bei bestimmten Wetterlagen aufweist; man muß auch die relative Häufigkeit derartiger Wetterlagen kennen".

Im Grunde genommen handelt es sich hierbei auch meist gar nicht um mikroklimatische Erscheinungen, sondern um Mikrowitterungserscheinungen, da sich eben nur bei einer ganz bestimmten Witterung diese speziellen Eigenarten einer Örtlichkeit, bedingt durch die räumlichen Gegebenheiten, einstellen. In landschaftskundlich geographischen Arbeiten, die die Beurteilung eines Raumes als

Ziel haben, wird man daher zur Beleuchtung der kausalen Beziehungen zu einer Untersuchung kennzeichnender Witterungstypen greifen und sie sowohl in ihrer Auswirkung im großen als auch im kleinen zu untersuchen haben. Wohl benötigt man in der geographischen Forschung zum Verständnis der Witterung die Wetterlagen, für die belebte und unbelebte Natur sind aber nicht die Großwetterlagen maßgebend, sondern es sind ihre Erscheinungsformen in Gestalt der jeweiligen Witterung, die mit den Beziehungen zu den Faktoren dieses Raumes Arbeitsgebiet der Geographie sind.

Leider aber gibt es bis heute keine Arbeiten, in denen für das ganze Jahr eine Zuordnung von Witterungstypen und Wetterlagen in Norddeutschland vorgenommen worden ist. Die Schwierigkeit einer derartigen Arbeit liegt in der vielgestaltigen Ausbildungsmöglichkeit der Witterung bei gleichartiger Wetterlage als auch in der Tatsache, daß gleichen Witterungserscheinungen durchaus verschiedene Wetterlagen zugrunde liegen können. Soweit notwendig und möglich, wird daher in dieser Arbeit nur in speziellen Einzeluntersuchungen das in der Großwetterlage verankerte Witterungsgeschehen unter Angabe der relativen Häufigkeit in seiner mikroklimatischen Ausprägung innerhalb dieser Landschaft erörtert werden. Im übrigen werden die Witterungstypen in ihrer Bedeutung für den Obstbau einer Betrachtung unterzogen werden. Dabei läßt sich die Witterung nur in der Bindung an Raum- und Zeitbegriffe betrachten, denn gebunden an ein Witterungsgeschehen, hat beispielsweise eine mehrstündige Nachttemperatur von —2° im Dezember und im Juni eine ganz andere Bedeutung, wobei es auch nicht gleichgültig ist, an welchem Orte diese Werte gemessen worden sind.

Wenn eingangs gesagt wurde, daß das Klima der Unterelbe maritim beeinflußt ist und die Sommer- als auch die Wintertemperaturen gemildert werden, so sind daran auch schon bestimmte Aussagen hinsichtlich des Witterungsablaufes des Jahres gebunden. Ozeanität bringt im Bereich der Westwindzone der atmosphärischen Zirkulation der Erde einen häufigen Wechsel der Witterung mit sich, und nur selten vermag eine Witterungsperiode eine längere Zeit wetterwirksam zu bleiben. In kurzer Folge überqueren Tiefdruckgebiete mit ihren Kalt- und Warmfronten oder Okklusionsregen und mit ihrem Rückseitenwetter und den Zwischenhochkeilen den norddeutschen Raum. Immer wird dabei ein fremdbürtiger Einfluß durch das Westwetter hereingetragen; in seiner Auswirkung ist dieser Witterungstypus jahreszeitenmäßig aber sehr verschieden.

Wird im Winter dem Land immer wieder Warmluft zugeführt und bei großer Bewölkungsdichte die Ausstrahlung und damit eine tiefgreifende Abkühlung verhindert, so bringt im Sommer die Heranführung der kühlen Meeresluft schon eine Senkung der Temperaturen mit sich, was noch durch die Verhinderung der Sonneneinstrahlung verstärkt wird. Aber nicht immer setzt sich das Westwetter durch; bedingt durch die Steuerung bestimmter Großwetterlagen, vermag sich der Einfluß der großen europäisch-asiatischen Landmasse zeitweise durchzusetzen, wobei der Ursachenkomplex nicht besser und knapper erfaßt werden kann, als das von Flohn (L. 40, S. 127 u. 128) geschehen ist. Danach kann die Gestaltung der Sommer- und Winterwitterung und der Isothermenverlauf nicht durch den Einfluß des Golfstromes erklärt werden. „Die Ursachen liegen tiefer; sie liegen in dem komplizierten Ineinandergreifen bzw. Gegenspiel eines planetarischen, in der allgemeinen Zirkulation der Erde beruhenden Kreislaufs, der in der gemäßigten Zone von West nach Ost gerichtet ist, und des Monsunkreislaufs, des jahreszeitlichen Austausches zwischen Festland und Meer. Im Sommer bildet das Westwetter zugleich einen Ausdruck des planetarischen Systems wie des Monsunsystems, der Sommermonsun in seiner typischen Form ist eine ausgeprägte Westwetterlage. Im Winter gehört das Westwetter ebenfalls zum planetarischen System; diesmal wirkt aber die typische Monsunwetterlage, der antizyklonale Kälteausbruch, gerade entgegengesetzt. Dieser im Winter so überaus heftige Luftmassenkampf, dessen Frontverlauf manchmal vor der atlantischen

Küste, manchmal tief im Innern Rußlands liegt, dieses Gegenspiel zweier Großwetterlagen ist die wahre Ursache der winterlichen Temperaturverteilung (mit meridionalem Verlauf der Isothermen), während der Gleichklang von Sommermonsun und allgemeiner Zirkulation seinerseits die sommerliche (zonale) Verteilung der Temperatur wie der Luftmassen bestimmt. Die Drehung der Isothermen ist weiter nichts als ein formaler Ausdruck für dieses Gegenspiel typischer, im Westwettergeschehen verankerter Großwetterlagen. Sie wird weiterhin im Frühjahr (schwächer im Herbst) durch die mit Schauer- und Südostwetter verbundenen Kaltlufteinbrüche aus Norden stark beeinflußt. So ist nicht allein die Luftmassenanordnung für die Temperaturverteilung verantwortlich, sondern mit ihr und ihr übergeordnet die Steuerung durch Vorgänge der allgemeinen Zirkulation und die immanente Beeinflussung der Luftmassen und der Steuerung vom Boden her, in der Großform der Monsunzirkulation wie im kleinen."

Bedingt das Westwetter im Winter trübe, regnerische und z. T. stürmische Tage mit Schnee- und Regenschauern bei nicht allzu hohen täglichen Niederschlagswerten, so führen die Kaltluftvorstöße aus dem Norden und Osten zu einer Auflockerung der Bewölkung und bei stärkeren Frösten meist zu geringerer Luftfeuchtigkeit und mit Sonnenschein erfüllten Wintertagen. Wird auf der einen Seite beim Überwiegen des Westwetters in der ersten Hälfte des Winters der Unterschied zwischen Tag und Nacht in einzelnen Witterungsperioden vollkommen ausgeglichen und somit der tägliche Gang der Temperatur als auch der Luftfeuchtigkeit verwischt, so treten auf der anderen Seite besonders bei schon höherem Sonnenstand im Februar und einem Überwiegen der eigentlichen Winterwitterung zu dieser Zeit erhebliche Tagesamplituden der Temperatur und damit verbunden große Unterschiede in der Luftfeuchtigkeit auf (16. 3. 1952 Temperaturminimum: —4°; Temperaturmaximum: + 10°; maximale Luftfeuchtigkeit 85 %; minimale Luftfeuchtigkeit 22 %).

Sind die Kaltlufteinbrüche an sich nur für den Obstbau gefährlich, wenn bei lang andauerndem Nachschub von Kaltluft extreme Winter wie in den Jahren 1939/40 und 1946/47 auftreten, so darf man die Auswirkungen der Tag-Nachtgegensätze im Vorfrühling nicht verkennen. Von J. Luckau (L. 116), W. Breuer (L. 18) und H. Aichele (L. 2) liegen auf diesem Gebiet Erhebungen vor. Abgesehen von den direkten Frostschäden (Breuer), die sich auf die Schadwirkung von Tiefsttemperaturen zurückführen lassen und sich durch Wurzelschäden (in der Marsch selten) und durch Frostplatten, durch Erfrierungen der Reiser, in Trieb- und Knospenschäden und durch Totalerfrierungen bemerkbar machen können, werden die indirekten Frostschäden gerade in der Zeit des Vorfrühlings hervorgerufen. Bedingt durch die in den Mittagsstunden schon beträchtliche Sonneneinstrahlung, erfolgt eine starke Erwärmung der Baumstämme an der Südseite, und mit dem Einsetzen der Saftzirkulation am Tage kommt es zu einer Schädigung des kambialen Gewebes bei starkem Absinken der Temperaturen in der Nacht. Frostplatten und Frostrisse zeigen dann im Sommer den angerichteten Schaden, der an den Bäumen über eine Höhe von 180 cm kaum hinausreicht. Meist werden die größeren Äste und der Stamm in Mitleidenschaft gezogen, da sich diese auf der Südseite gegenüber der Luft stark erwärmen, was noch bei vorhandener Schneedecke durch die reflektierte Strahlung verstärkt werden kann.

Wenn auch die Marschen auf Grund des Witterungsverlaufes im allgemeinen nicht so stark von diesen Erscheinungen betroffen sind wie andere Gebiete Deutschlands, so können doch die Schutzmaßnahmen nicht vernachlässigt werden, die gegen derartige Schäden vorbeugen sollen. H. Aichele (L. 2, S. 70—73) schlägt auf der Grundlage der Messung der Kambialtemperaturen von gekalkten und ungekalkten Bäumen (am ungekalkten Stamm war im Februar die Südseite 20° wärmer als die Nordseite, während am gekalkten Stamm der Unterschied nur 14° betrug) als Schutz eine Kalkung der Baumstämme auf der Süd- und Westseite vor, um somit eine Abschirmung der Einstrahlung zu erreichen. Als Nachteil muß man dabei nach Aichele allerdings eine Verschmierung der Lentizellen hinnehmen, wodurch die Atmung des Stammes erschwert wird, was wiederum einen verspäteten Austrieb im Frühjahr zur Folge haben soll, was aber hinsichtlich der Spätfrostgefährdung auch als vorteilhaft angesehen werden kann. Außerdem macht sich bei einer Beschränkung der Kalkung auf die sonnenexponierte Seite des Stammes diese Erschwerung der Atmung in geringerem Maße bemerkbar. Nicht als Schädlingsbekämpfung sondern als Frostschadenverhütung im zeitigen Frühjahr hat man daher das Kalken eines Obstbaumes anzusehen.

Während der Wintermonate sind somit letzten Endes die im Witterungsgeschehen begründeten Temperatur- und Strahlungsverhältnisse für die Obstkulturen von Wichtigkeit. In der Vegetationsperiode treten dazu noch andere an das Westwetter, Schauerwetter und Schönwetter gebundene Witterungsfaktoren.

Kann ein Wintersturm an den unbelaubten älteren Bäumen kaum einen Schaden anrichten, so ist ein Herbststurm in seiner Auswirkung auf die Ertragsgestaltung nicht ohne Bedeutung, denn es ist nicht gleichgültig, ob man das Obst gepflückt einlagern kann oder als Fallobst an die Mostereien abgeben muß. Nur selten ermöglicht ein Herbst wie jener 1951 ein Einbringen der Obsternte bei windschwacher, niederschlagsfreier Witterung. Meist erschweren Sturm und Regen die Pflückarbeiten und mindern den Ertrag. Bedingt durch die Küstennähe und die Ebenheit des Raumes, trifft der Westwind in seiner Wucht nur wenig gehemmt auch noch die Gebiete der Haseldorfer und Seestermüher Marsch, und man kann sagen, daß ohne einen ausreichenden Windschutz ein Obstbau in allen Marschen unmöglich ist, es sei denn, daß die Bestandsdichte so groß wird, daß die Schutzanpflanzungen überflüssig werden. Die Windschutzmaßnahmen sind also in der Marsch weniger zur Entlastung des Wasserhaushalts im Boden notwendig (Verringerung der Verdunstung), sondern haben eine mechanische Schutzfunktion zu erfüllen.

Als Folge der Luftdruckgegensätze, hervorgerufen durch das Vorüberwandern von Zyklonen, kommen die heftigsten Winde zumal während der Vegetationsperiode aus südwestlichen, westlichen und nordwestlichen Richtungen, den Witterungscharakter der Marschen völlig einheitlich gestaltend. Die Lage und Erstreckung der Obstplantagen, die sich in ihrer Anordnung auf der Fläche der Beetstruktur des Landes anpassen müssen, erfordert jeweils andere Windschutzmaßnahmen, was durch die unterschiedliche Exposition zur Hauptwindrichtung bedingt ist.

Findet man im Außendeichsgebiet und in den Schallen nur wenige Obstanpflanzungen auf der blockförmigen Flur, so sind diese Anlagen bestimmt gerade durch das an die Westwetter- und Schauerwetterlagen gebundene Witterungsgeschehen benachteiligt. Sind sie schon in unmittelbarer Nähe der offenen Wasserflächen der Elbe einer größeren Windgeschwindigkeit ausgesetzt, so wird dieser Nachteil beim Auftreten dieser Witterungsperioden im Herbst durch die damit verbundenen Regenfällen vergrößert, wodurch die Wege vernässen und unbefahrbar werden. Bedenkt man dann noch, daß Sturmfluten, die sich bei starken West- und Nordweststürmen durch eine Erhöhung des Wasserstandes in der Deutschen Bucht als auch in der Elbe auswirken, die Ernte eines ganzen Jahres gefährden können, so fragt es sich, ob bei sonst günstigen Bodenverhältnissen diese Gebiete für den Obstbau bevorzugt geeignet sind. Die blockförmigen Obstanlagen benötigen allerdings nur eine relativ geringe Schutzholzanpflanzung, da sich die Bäume in der Mitte dieser Plantagen gegenseitig Schutz zu geben vermögen. Binnendeichs dagegen sind die Plantagen auf Grund der Fluraufteilung von langen Windschutzstreifen gesäumt, die meist von Schwarzerlen gebildet werden. Bei Nord-Südrichtung der Beete wird eine einseitige Bepflanzung auf der Westseite und an den Feldenden genügen dürfen. Verläuft dagegen die Feldaufteilung in Ost-Westrichtung, so muß bei isoliert liegenden Anlagen eine beiderseitige Bepflanzung an den lang sich hinziehenden Entwässerungsgräben vorgenommen werden.

Entsprechend den Besitzverhältnissen und den Bearbeitungsmöglichkeiten ist der Baumbestand auf viele Parzellen verteilt, so daß von einem gegenseitigen Schutz durch die Geschlossenheit aller Bestände, wie das im Alten Land der Fall ist, nicht gesprochen werden kann. Ist noch häufig die irrtümliche Ansicht verbreitet, daß das Alte Land durch die Geesthöhen vor der direkten starken Beeinflussung durch die Westwinde geschützt ist, so ist dazu zu sagen, daß diese Argumente heute kaum noch geltend gemacht werden können. Bei einer Beeinflussung des Windfeldes bis zu einer Entfernung, die dem 8- bis 20fachen der Höhe des Hindernisses entspricht, dürften die Auswirkungen des Geestrandes also höchstens bis zu einer Entfernung von 500 bis 600 m in die Marsch hineinreichen, womit aber noch nicht einmal die Randmoorsenke in ihrer ganzen Breite erfaßt wird. Will man nicht die geringere Windgeschwindigkeit in den Obsthöfen des Alten Landes in der „Rauhigkeit" (L. 46, Geiger, R., S. 108) des Obstbaugebietes selber suchen, so kann man höchstens sagen, daß bei den rechtselbischen Marschen vergleichsweise der Westwind über den Wasserflächen der Elbe auf Grund der geringeren Rauhigkeit weniger gebremst worden ist, als das bei dem über Land kommenden Wind im Alten Land der Fall ist. Messungen, die diesem Fragenkomplex gewidmet sind, liegen noch nicht vor und lassen sich auch erst durch jahrelange Anemometermessungen gewinnen.

Windschutzmaßnahmen sind also eine unbedingte Notwendigkeit für einen erfolgreichen Obstbau in dem sich erst entwickelnden rechtselbischen Obstbaugebiet, und man muß sich dabei vor Augen halten, daß besonders die Junganpflanzungen immer schon einen ausreichenden Windschutz vorfinden müssen. Man darf aber auch wiederum die Nachteile nicht übersehen, die der Windschutz in der Marschenlandschaft mit sich bringt. Bedarf eine Obstanlage des Windschutzes, so übt sie im ertragsfähigen Stadium mit den weitausladenden Bäumen für die umliegenden Felder selbst eine Windschutzfunktion aus. Windschutz bedeutet aber immer eine Verringerung der Verdunstung. Diese geringere Durchlüftung bringt für die Plantagen schon ein schweres Abtrocknen der Bäume mit sich; aber auch die umliegenden Felder sind damit feuchter. Größere Taumengen im Herbst, die mitunter bei windschwachem Wetter die Bäume gar nicht erst trocken werden lassen, erschweren ein Pflücken des Obstes (das Obst soll zur besseren Haltbarkeit nach Möglichkeit trocken in die Lagerräume gebracht werden). Darüber hinaus begünstigen die dem Blattwerk anhaftenden Tau- und Regentropfen eine Verbreitung der Pilzkrankheiten, wie andererseits auch die Obstbaumspritzungen durch die Feuchtigkeit erschwert werden. Der Einfluß auf die angrenzenden Ackerstücke macht sich besonders in jenen Flurblöcken bemerkbar, deren Felder quer zur Hauptwindrichtung in Nord-Südrichtung verlaufen. Wenn im Herbst die Feldarbeiten vorgenommen werden sollen, haben die Bäume noch ihr volles Laub, und im Windschatten der Obstanlage trocknet der Boden nach Regenfällen nur schwer ab. Zweckmäßigerweise legt der Besitzer diesen Acker in Gras oder nimmt, wenn das sowieso auf einer Parzelle beabsichtigt ist, hier im Schutz der anderen Anlage eine Aufpflanzung mit Obstbäumen vor.

Bei H. Karnatz (L. 80, S. 7) finden sich Angaben über die Schäden der Windwirkung an Bäumen, wie sie sich durch schiefe Stämme, Verwundungen durch den Baumpfahl, die in Krebs übergehen können, und durch einseitige Kronen bemerkbar machen. Dort findet man auch Angaben des Ertrages, des Blütenbesatzes und des Dickenzuwachses in Abhängigkeit vom Windschutz. An dieser Stelle sei aber noch auf die Notwendigkeit der Gleichartigkeit des Schutzholzes hingewiesen Bei der Anpflanzung von verschiedenen Baumarten innerhalb eines Windschutzes kommt es infolge ungleicher Dichte leicht zur Bildung von Windschleusen, und an solchen Stellen treten dann gerade erhöhte Windgeschwindigkeiten auf, wobei es zu einer verstärkten Schädigung der Bäume kommt.

Durch die Bremsung der Windgeschwindigkeit wird also die Luftfeuchtigkeit erhöht, und der Tau bleibt länger auf den Bäumen. Damit wird zweifellos die Transpiration der Bäume erschwert; andererseits wird durch die hohe Feuchtigkeit in einem Bestand das Bodenwasser vor der Verdunstung bewahrt. Wird durch Windschutzmaßnahmen nun der Luftaustausch erschwert, und kommt es dadurch leicht zu einer Stagnation der Luft und damit zu einer größeren Frostgefahr, so kann aber gerade der vermehrte Taufall in einer Obstanlage im Herbst bei Frühfrösten die Frucht vor einer Schädigung bewahren, wie das im Oktober 1951 der Fall war. Bei einer Hüttentemperatur von — 4,5° am Morgen des 25. 10. 1951 (Quickborn vergleichsweise — 6,0°) in Schadendorf traten in einem Obstgarten keine Frostschäden an den Früchten auf, die zu dieser Zeit noch z. T. an den Bäumen saßen. Die Luftfeuchtigkeit betrug am 24. 10. um 20.00 Uhr 98 %. Es setzte ein sehr starker Taufall ein, und es kam dann im Laufe der Nacht zu einem Gefrieren der Wasserhäute auf den Früchten, so daß die Äpfel am Morgen des 25. 10. allseitig von einer dünnen Eisschicht überzogen waren.

Die Natur vollbrachte damit das gleiche, was auch schon von A. Carl (L. 21) und K. Witte (L. 205) als Frostschutz durch Beregnung vorgeschlagen worden war. Beim Gefrieren von 1 g Wasser werden nämlich 80 cal. frei, die in diesem Fall den Früchten z. T. zugute kamen und eine weitere Abkühlung der Oberfläche verhinderten. Wenn man bedenkt, daß sich die Pflanzenteile noch (nach Weger, L. 197, S. 32) um etwa 1,5° unter die Lufttemperatur abkühlen sollen, so kann man daraus ermessen, welchen Kältegraden die Blätter und Früchte in dieser Nacht ohne den Eisschutz ausgesetzt gewesen wären. Welche Temperaturen von Früchten am Baum noch vertragen werden, ist bis heute in der Literatur nicht eindeutig festgelegt. W. Kotte (L. 91, S. 14) gibt — 5° an.

Wurde in den vorhergehenden Abschnitten die Bedeutung und Beziehung des Westwettergeschehens zum Obstbau erörtert, so ersieht man, wie schnell sich der Fragenkomplex von der allgemeinen Witterungsgestaltung zu speziellen Problemen erweitert und wie aus Schutzmaßnahmen gegen den Westwind wiederum örtliche Sondererscheinungen der Witterung erwachsen.

Hat sich der Obstbau diesen Witterungsbedingungen durch die Anlage von Windschutzstreifen angepaßt, so ist man andererseits noch in starkem Maße von dem Gang der Witterung abhängig. Der Ertrag eines Jahres wird nicht durch die während der Vegetationszeit herrschenden Verhältnisse bestimmt, sondern die Anlage der Knospen ist ja schon im Vorjahr (Juli und August) erfolgt, und somit wirkt sich ebenfalls die Witterung des Vorjahres aus.

Wenn der Spät- und Frühfrostgefährdung unter Berücksichtigung des Geländeeinflusses ein besonderer Abschnitt gewidmet werden soll, so treten aber auch noch andere Züge der Witterung bei der Gestaltung eines Obstjahres hervor und sind ertragsbestimmend. Bekanntlich gleicht sich die Vegetationsentwicklung im Laufe des Sommers immer wieder aus; die Entwicklungsphasen und die damit verbundenen Pflegemaßnahmen sind aber an den stark wechselnden Witterungsablauf jedes einzelnen Jahres gebunden. Besonders die Spritzungen müssen in exakter Weise den Gegebenheiten der Witterung und der Frucht- und Blattentwicklung angepaßt werden. Hohe Luftfeuchtigkeit und häufige Regenfälle machen in den küstennahen Obstbaugebieten besonders eine Bekämpfung der Pilzkrankheiten notwendig. Sowohl für die Verbreitung der Ascosporen von Fusicladium dendriticum im Frühjahr als auch der Konidiosporen im Sommer ist tropfbar flüssiges Wasser eine unbedingte Voraussetzung. Bei Schönwetterperioden ist also eine Bekämpfung überflüssig. Sind daher die Spritzungen gerade in Zeiten regnerischer Witterung notwendig, wie sie im Verlaufe von Westwindwetterlagen, Schauerwetter oder auch als Instabilitätsregen am Rande einer Antizyklone auftreten, so erschweren aber gerade diese Wetterlagen mit allgemein höheren Windgeschwindigkeiten die Pflegearbeiten. Bei großer Veränderlichkeit des Wetters im Verlaufe der gleichen Großwetterlage (Durchzug eines Hochdruckkeiles) werden dann häufig diese Arbeiten auf Stunden und Tage verschoben, in denen bei aufgelockerter Bewölkung und Windstille eine schnelle Erwärmung mit einem Absinken der relativen Luftfeuchtigkeit einhergeht. Immer wieder traten bei Spritzungen mit Schwefelkalkbrühe dabei Schädigungen auf, die von einer Verbrennung einzelner Blätter und Früchte bis zu einem Abwerfen des Laubes alle Schadensstufen umfaßten. Im Untersuchungszeitraum dieser Arbeit konnte mehrfach eine Parallelität zwischen Luftfeuchtigkeit unter 40 % und Schädigungen, hervorgerufen durch Schwefelkalkbrühe, beobachtet werden. Dabei war es gar nicht einmal notwendig, daß die Witterung des Spritztages diese Bedingungen aufwies; traten an den Folgetagen niedrigere Werte der Luftfeuchtigkeit auf, so zeigten sich gleiche Erscheinungen. Sollte die Schwefelkalkbrühe weiterhin im Obstbau Verwendung finden, so dürfte eine Verfolgung dieses Ursachenkomplexes angebracht sein. Auf jeden Fall wäre eine langfristige Wettervorhersage speziell für den Obstbau in Beziehung zu den Spritzterminen notwendig, und ähnlich wie es schon hinsichtlich des Phytophtorabefalls der Kartoffeln einen meteorologischen Warndienst gibt, wäre dieser auch für den Fusicladiumbefall der Obstbäume wichtig.

Die Spritzungen in Abhängigkeit von der Witterung dienen also der Sicherung einer guten Ernte. Diese kann aber auch durch andere Einflüsse beeinträchtigt werden. Im Verlaufe eines unwetterartigen Gewitters am 11. 7. 51, das in fünf aufeinanderfolgenden Entladungen über das Gebiet hinwegzog, kam es beispielsweise zu starken Hagelfällen. Als Teil einer Front, die von Frankreich kommend Nord- und Mitteldeutschland als auch Dänemark erfaßte, führte die erste Entladung zu einem Hagelschauer von 10 Minuten Dauer. Die Hagelkörner hatten einen Durchmesser von 1 bis 1,5 cm und brachten den noch kleinen Äpfeln Beschädigungen in Form brauner Flecke bis zu 1 cm Durchmesser bei. Kam es auch nicht zum Totalverlust, so zeichneten sich die so geschädigten Früchte bei der Ernte im Herbst doch durch erhebliche Mißbildungen aus; teilweise fehlte an der betroffenen Stelle das ganze Fruchtfleisch. Die Frontengewitter ergreifen meist weite Gebiete, haben aber nur äußerst selten in Norddeutschland derartige Erscheinungen im Gefolge. — Über den Einfluß der Elbe auf die Wärmegewitter liegen noch keine Untersuchungen vor, wenn auch von Flohn (L. 40, S. 69) auf die Bedeutung von großen Flüssen auf die Zugrichtung von Wärmegewittern wegen der über ihnen abwärts gerichteten Luftströmung hingewiesen wird. Das stimmt mit der Beobachtung überein, daß die Gewittertürme sich über den Geestgebieten Schleswig-Holsteins und Niedersachsen bilden, während die Elbniederung bei aufkommender Gewitterneigung noch relativ lange geringe Bewölkung aufweist.

Extreme Witterungsbedingungen im Sommer und Herbst können also durchaus eine Ernte in Frage stellen; es sind diese Voraussetzungen im küstennahen Gebiet aber doch nur höchst selten gegeben. Von ausschlaggebender Bedeutung sind aber die Bedingungen im Frühling, und diese bedürfen daher noch einer eingehenden Untersuchung. Zu dieser Jahreszeit erhalten dann auch die örtlichen Gegebenheiten in manchen Jahren besonderes Gewicht. Nach Flohn (L. 40, S. 141) nimmt allerdings „die Häufigkeit eigenbürtiger Wettererscheinungen als Voraussetzung für mikroklimatische Messungen — ohne daß eine Beweisführung im einzelnen schon möglich ist — im Reichsgebiet von Norden und Westen nach Süden und Osten, also von der Küste landeinwärts erheblich zu." Dennoch war es möglich, an einigen Tagen im Frühjahr 1951 und 1952 kleinklimatische Erhebungen in Abhängigkeit von charakteristischen Wetterlagen vorzunehmen. „Dann aber üben (nach Flohn, L. 40, S. 139) allein bei den dieser Großwetteranlage angehörigen heiteren und windschwachen Wettertypen Strahlung, Bodenform und Untergrund (Fels, Sand, Wiese, Wald, Wasser) ihre Wirkung auf das lokale Klima voll aus. Diese Wetterlagen verleihen dem Klima seine eigenbürtigen Züge, sie erzeugen in erster Linie lokale Klimaunterschiede, die nicht nur allein von der Meereshöhe abhängig sind. Das versteht man erst in vollem Umfange, wenn man sich einmal klargemacht hat, in wie hohem Maße die anderen Großwettertypen — Westwetter, Schauerwetter und Südostwetter — fremdbürtige Eigenschaften, vor allem ortsfremde Luftkörper mitbringen." Eine Darstellung der im Großwettergeschehen verankerten Sondererscheinungen des Raumes wird das Ziel der weiteren Untersuchung sein, und wie das schon oben betont wurde, sind diese Erhebungen eine unbedingte Notwendigkeit in der Raumforschung und zur Abrundung des Gesamtbildes unentbehrlich.

Ist schon der allgemeine Witterungsverlauf im Frühjahr für den Beginn der Obstblüte wichtig, so erlangt die Witterung während der Blühphase eine ganz besondere Bedeutung für die zu erwartende Ernte. Die an den Witterungsverlauf gebundenen Wärmeverhältnisse in den Monaten Januar, Februar und März sind für den Vegetationsbeginn maßgebend, wobei das Einsetzen der Blüte bei Pflaumen, Zwetschen und Kirschen schon in besonders günstigen Jahren um den 10. April herum erfolgen kann; eine Verzögerung bis in den Mai hinein ist aber ebensogut möglich. Allgemein wird für die Apfelblüte ein Termin zwischen dem 10. und 15. Mai angegeben, wobei aber schon im Frühjahr 1952 die Blühphase (vom Öffnen der Blüten bis zum Abfallen der Blütenblätter) bei den Hauptsorten Schöner von Haseldorf, Schöner von Boskoop, Pommerscher Krummstiel usw. zwischen dem 5. und 14. Mai lag, während der Termin 1951 bis in die Zeit zwischen dem 16. und 30. 5. hinausgezögert wurde. Unabhängig von dem Blütetermin wirkt sich die Witterung während der Blütezeit in starkem Maße ertragsgestaltend aus. Verregnet eine Blüte und setzt sich außerdem noch ein kalter Witterungscharakter durch, so ist bei geringem Insektenflug und Schädigung der Blüten die Wahrscheinlichkeit der Befruchtung verhältnismäßig gering. Andererseits können bei klarem Wetter bis Ende Mai Schadensfröste auftreten. Und wurde weiter oben auf die Verringerung der Frostgefährdung der Obstblüte in den Marschen hingewiesen, so ist es noch notwendig, die Ursachen für diese Erscheinung zu ergründen, um damit die begünstigten und gefährdeten Gebiete in der Marsch herausstellen zu können.

Für das Auftreten von Spätfrösten ist nach Pollack (L. 137, S. 18 und 23) sowie nach Kaempfert und Kessler (L. 76, S. 8) immer das Zusammenfallen von zwei Bedingungen Voraussetzung. Durch die allgemeine Luftströmung muß Kaltluft in den norddeutschen Raum eingeströmt sein, wodurch es zur Ausbildung einer kalten Bodenluftschicht von wechselnder Mächtigkeit kommt. Die Kaltlufteinbrüche vermögen aber zu dieser Zeit keine Fröste mehr zu erwirken, erst durch das Hinzutreten der Ausstrahlungsmöglichkeit sinken die Temperaturen im Verlaufe weiterer nächtlicher Abkühlung unter 0^0 ab. Je nach der Intensität der Ausstrahlung und der Temperatur der im Raum lagernden Kaltluft kommt es dann zu Bodenfrösten oder aber auch zu Frösten im Bereich des Hüttenhorizontes. Wird von der Abkühlung durch die herangeführte Kaltluft meist ganz Norddeutschland erfaßt, wobei diese Kaltluftverstöße teilweise bis in den Raum des Mittelrheins vordringen, so wird die Ausstrahlung in Abhängigkeit von der Bewölkungsverteilung gebietsweise wirksam, während das Absinken der Temperaturen unter den Nullpunkt noch weitgehend von den örtlichen Gegebenheiten verhindert werden kann.

Ausgehend von Beobachtungen des Bodennebels in Ausstrahlungsnächten im Frühjahr 1951, wurde auf eine Zirkulation innerhalb der bodennahen Luftschicht und damit auf einen Austausch zwischen der Luft über einer Wetterung und über dem angrenzenden Beet geschlossen. Es zeigte sich nämlich, daß der Nebel über dem geneigten Boden zum Graben hin absackte und über dem Wasserspiegel aufgelöst wurde. In der Mitte des Grabens, der eine Breite von durchschnittlich 3 m und eine Tiefe von etwa 1 m hat, bildeten sich in 50 cm Höhe feine Nebelschwaden, die bei völliger Windstille bis zu etwa 2 m Höhe über dem Grabenwasserspiegel emporstiegen und sich dann nach den Seiten hin über die Beete ausbreiteten. An der unteren Begrenzung dieser sich verteilenden Nebelschwaden war im Bereich des Grabenrandes eine lebhafte Turbulenz festzustellen, was vielleicht auf die hier absackende Kaltluft zurückgeführt werden kann.

Auf Anregung von Herrn Oberregierungsrat Dr. Dammann vom Meteorologischen Amt für Nordwestdeutschland in Hamburg wurden diese Verhältnisse in günstigen Nächten einer Untersuchung unterzogen. Nach orientierenden Messungen mit Stationsthermometern bei stündlicher Ablesung im Frühjahr 1951 und im Herbst des gleichen Jahres wurden 1952 im Frühjahr und Sommer diese Untersuchungen bei geeigneten Witterungsbedingungen mit Thermographen fortgesetzt. Wird von R. Geiger (L. 45, S. 403) die Benutzung solcher Instrumente, die gegen Strahlung ungeschützt sind, bei mikroklimatischen Erhebungen grundsätzlich abgelehnt, so muß man auf der anderen Seite sagen, daß die vorliegenden Ergebnisse zumindest untereinander verglichen werden können, wenn dann auch die angegebenen Temperaturen nicht absolut gelten. Nach N. Weger (L. 197, S. 32) sollen sich „gegen Ausstrahlung ungeschützte Glasthermometer in klaren Nächten nahezu um denselben Betrag abkühlen wie die Pflanzen, so daß ihre Angabe mit genügender Näherung auch die Pflanzentemperaturen wiedergeben", was auch mit der Beobachtung übereinstimmt, daß bei einem Anzeigen der Instrumente von 0° der Tau auf den Gräsern und Blättern in die Eisphase überging. Eine Verwendung von Aspirationsthermometern, wie das von Geiger für derartige Temperaturmessungen gefordert wird, hätte nicht die Registrierung des nächtlichen Ganges der Temperatur an den Untersuchungspunkten ermöglicht, wie auch durch eine laufende Ablesung immer wieder eine Störung und Durchwirbelung der bodennahen Luftschicht hervorgerufen worden wäre.

Zur Untersuchung des Gewässereinflusses in den Marschen wurde ebenfalls jene Örtlichkeit in Schadendorf gewählt, an der auch die Nebelbeobachtungen gemacht worden waren. Ein lichter Obstgarten grenzt hier an eine Wetterung (siehe oben). Das nördlich sich an die Wetterung anschließende Beet liegt mit seiner Mitte 5 m von dem Graben entfernt und 1,70 m über dem mittleren Grabenwasserstand und wird auf der anderen Seite durch einen Trockengraben begrenzt, der als flache Einmuldung bei einer Breite von 5 m mit seinem tiefsten Punkt 0,80 m über dem mittleren Grabenwasserstand liegt und zum nächsten Beet überleitet. Die Geräte wurden bei allen Messungen in 10 cm Höhe über dem Wasserspiegel oder Erdboden angebracht und lieferten die auf den folgenden Seiten dargelegten Ergebnisse, die eine Auswahl der charakteristischen Erhebungen sind. Die an dieser Örtlichkeit aufgestellte Hütte ermöglichte zugleich eine Erfassung der Temperaturwerte in 2 m Höhe.

In der Nacht vom 12. auf den 13. Mai 1951 wurde die erste mikroklimatische Untersuchung durchgeführt, die auf Grund folgender Witterungsvorgänge möglich war. Nach dem Abzug einer Zyklone gelangte Norddeutschland am 9. Mai mit der Herausbildung eines Hochdruckrückens, der sich von den Azoren über Schottland und Norwegen bis Nordrußland erstreckte, in den Bereich einer nordöstlichen Luftströmung, die einen Temperaturrückgang um einige Grade bedingte. Bei auf Nord drehenden Winden kam es am 10. 5. zur Aufheiterung; die Tagestemperaturen stiegen wieder leicht an, und in den Nächten ließ sich infolge der starken Ausstrahlung ein erhebliches Absinken der Temperaturen verzeichnen. Die Hüttentemperaturen wiesen in diesem Zeitraum um 5.00 Uhr folgende Werte auf:

9. 5. :	6,5°	12. 5. :	0,0°
10. 5. :	6,0°	13. 5. :	5,0°
11. 5. :	1,5°		

Die Hochdruckbrücke schwenkte am 12. und 13. Mai nach Südosten und schwächte sich ab. An der Ostseite der weiterhin über dem mittlerem Atlantik gelegenen Hochzelle gelangte Norddeutschland in den Bereich einer nordwestlichen Strömung, wodurch dann in der Nacht vom 12. auf 13. 5. Wolkenfelder (Stratocumulus translucidus, Kennziffer: L 5) herangeführt wurden.

Luftmassen für Bremen: (Nach L. 230).

9. u. 10. 5.	—	mP_t
11. u. 12. 5.	—	cP_a
13. 5.	—	mP_t

Großwetterlage: (Einteilung nach Hess und Brezowsky L. 67) Hochdruckrücken Azoren — Nordrußland, Nordostlage (mNE)

Der Temperaturverlauf in der Nacht vom 12. auf den 13. 5. geht aus der Abbildung 5 hervor. Die Kurven ergaben sich aus stündlichen Thermometerablesungen; die Kurve der Hüttentemperatur ist eine Vergrößerung der Thermographenaufzeichnung. Sind wolkenloser Himmel und Windstille eine Vorbedingung solcher Untersuchungen, so muß ein Auftreten derartiger Erscheinungen wegen der Beeinflussung des Geländeklimas registriert werden, wie das auch in den folgenden Diagrammen geschehen ist. Die Angabe der Temperatur des Grabenwassers zu Beginn und am Ende der Untersuchungen dient in allen Fällen der Vervollständigung des Gesamtbildes.

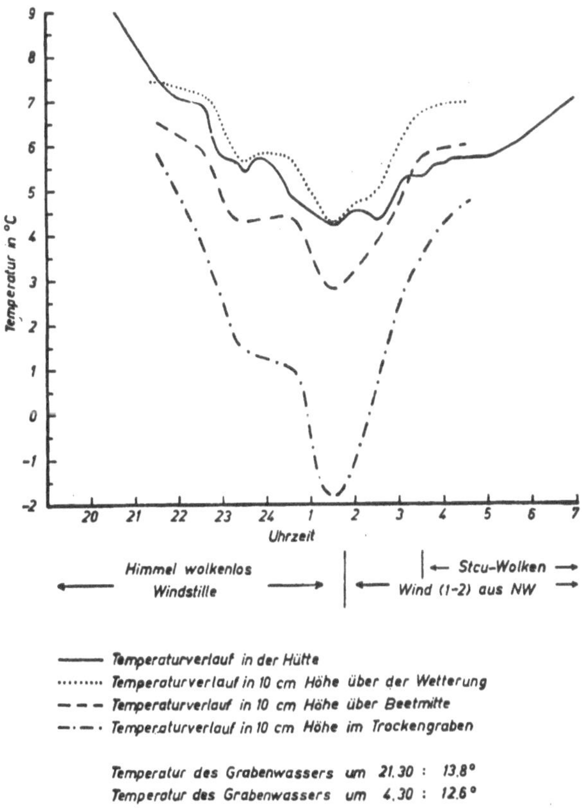

Abb. 5 Mikroklimatische Untersuchung in der Nacht vom 12. auf den 13. Mai 1951.

Zeigen die Formen der Kurven eine weitgehende Übereinstimmung, so springt aber doch der enorme Unterschied der Temperaturminima über der Wetterung (+ 4,2°) und im Trockengraben (— 1,8°) sofort ins Auge. Dabei sind die beiden Untersuchungspunkte nur 12 m voneinander entfernt, und es herrschen somit unvorstellbare Temperaturgegensätze auf kleinstem Raum. Sie lassen sich nur aus der Bildung eines Kaltluftsees im Trockengraben und aus der Aufheizung der Luft über der Wetterung verstehen. Zeigt doch die Temperatur des Grabenwassers um 21.30 Uhr 13,8° und liegt dabei noch 6,3° über der Temperatur der darüber lagernden Luft. Im Laufe der Nacht wächst dieser Unterschied auf über

8,5° an. Die Temperatur des Grabenwassers als auch des Elbwassers (12. 5. 1951 Elbwasser bei Wedel 14,0°) ist erstaunlich hoch. Der Gang der Temperaturen in den Gräben läßt sich dabei nur aus der geringen Mächtigkeit des Wasserkörpers verstehen, der bei einer großen Oberfläche und bei einer dauernden Durchmischung (das Wasser in den Wetterungen wird durch die Auswirkungen von Ebbe und Flut immer in Bewegung gehalten, wobei die Höhe des Wasserstandes durch die Schleusen reguliert werden kann) durch die zugeführte Strahlung im Frühjahr schnell aufgeheizt wird, sich aber auch in den Nächten ebenso schnell wieder abkühlt. — Mit einsetzendem Wind verwischten sich die Temperaturgegensätze innerhalb der bodennahen Luftschicht, und bei aufkommender Bewölkung wurde die Untersuchung um 4.30 Uhr abgebrochen.

Im Frühjahr 1951 bestand keine Möglichkeit mehr, diese ersten Erhebungen zu überprüfen, und auch die Messungen im Oktober schienen diese Ergebnisse nur in geringem Maße zu bestätigen. Die Wetterlage war im Oktober gekennzeichnet durch den Einfluß eines Hochdruckgebietes, das bis zum 5. 10. mit seinem Kern über Skandinavien lag und sich dann später über Mitteleuropa nach Westrußland zurückzog, wobei es aber, abgesehen vom 22., 23. und 24. Oktober, für unser Gebiet noch bis zum 30. 10. wetterbestimmend blieb. Östliche Winde führten kalte Festlandluft heran, so daß Norddeutschland bei überwiegend wolkenlosem Himmel eine langdauernde Schönwetterperiode zu verzeichnen hatte. Ein- und Ausstrahlung konnten bei schon relativ niedrigem Sonnenstand voll zur Geltung kommen, so daß sich der Tagesgang der Temperatur durch große Amplituden auszeichnete.

z. B. 16. 10. 1951 7 Uhr: + 0,5°; 14 Uhr: + 14,5°.

Anfang Oktober wurden noch 18° als Mittagstemperaturen erreicht, während am Ende des Monats nur noch 10° registriert wurden. Das Absinken der Temperatur muß z. T. aus dem Überwiegen der Ausstrahlung im Oktober erklärt werden; auch die in den Nächten in Hüttenhöhe gemessenen tiefen Temperaturen müssen auf die gleiche Ursache zurückgeführt werden. — Nicht jede Nacht eignete sich im Oktober zu mikroklimatischen Messungen, da bei Verstärkung und Verlagerung der Hochdruckzellen und Annäherung von Tiefdruckstörungen mehr oder minder starke Winde aus östlichen Richtungen auftraten.

Luftmassen für Bremen:

1. — 5. 10.	—	cT_p	
6. 10.	—	cT_p/cP	
7. — 17. 10.	—	cP	
18. — 21. 10.	—	mP	ab 19. stark gealtert
22. — 24. 10.	—	mP_a	
25. — 29. 10.	—	cP	
30. u. 31. 10.	—	mP_t	

Großwetterlage 30.9. — 16. 10. 1951: Hoch Fennoskandien (mHF) Ostlage.

Aus den mikroklimatischen Untersuchungen dieser Zeit soll diejenige der Nacht vom 10. auf den 11. 10. herausgegriffen und einer eingehenderen Betrachtung unterzogen werden. Der Temperaturverlauf über der Wetterung und im Trockengraben wurde durch Thermographen registriert, die Hüttentemperatur als auch die Temperaturen über der Beetmitte ergaben sich aus stündlichen Ablesungen. Der Ablesetermin um 4.30 Uhr wurde verpaßt.

Trotz einsetzenden Nebels kommt es im Trockengraben und auch in geringerem Maße über der Wetterung zu einem Absinken der Temperatur. Dagegen erfährt die Temperatur in Höhe des Hüttenhorizontes kaum eine Änderung, während diejenige über Beetmitte sogar vorübergehend ansteigt. Wichtiger als diese Verhältnisse ist aber die Tatsache, daß die Temperatur über dem Graben im Gegensatz zu den gemessenen Werten im Frühjahr (vergl. Abb. 5) niedriger ist als diejenige über Beetmitte. Parallel dazu konnte eine geringere Temperatur

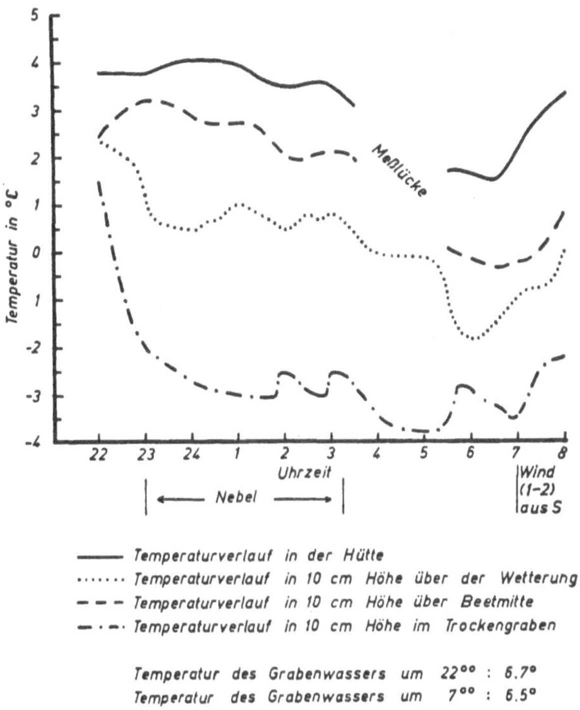

Abb. 6. Mikroklimatische Untersuchung der Nacht vom 10. auf den 11. Oktober 1951.

des Grabenwassers als im Mai beobachtet werden, während zu dieser Zeit die Elbe noch über 12° warm war. Auf jeden Fall war die Heizwirkung der Grabenwasserflächen, wie das auch aus den anderen Untersuchungen im Oktober hervorgeht, nicht so groß wie im Mai, obgleich doch im Laufe der Nacht die gleichen Temperaturdifferenzen zwischen Grabenwasser und der darüber lagernden Luft erreicht wurden.

22 Uhr: —4,3°; 24 Uhr: —6,1°; 6 Uhr: —8,3°

Aus der ganzen Untersuchung wird deutlich, daß sich zu dieser Jahreszeit also auch über dem Wasserspiegel, der 150 cm tiefer als das Beet liegt, ein Kältesee ausbildete.

Im Frühjahr 1952 wurde versucht, diesen Fragenkomplex weiter zu verfolgen, denn gerade zu dieser Jahreszeit können ja auch die örtlichen Einflüsse für den Obstbau von Wichtigkeit werden. — Die am 7. und 8. April zwischen einem ausgedehnten Hochdruckgebiet über Rußland und dem Balkan und der Vorderseite eines Tiefdruckgebietes (mit zwei Kernen über den Färöer und östlich Islands) eingeströmte atlantische Tropikluft brachte Mitteleuropa einen ungewöhnlichen Temperaturanstieg. Lagen die Temperaturen Ende März noch ganztägig unter 0° (30. 3. 52 18 Uhr: — 3,0°), und brachte die Nacht zum 1. 4. 52 noch Schneefall, so trat nach dem 6. 4. eine sehr rasche Erwärmung ein. Bei steigendem Luftdruck löste sich am 10. 4. die Wolkendecke auf, wodurch es infolge der wirksam werdenden Einstrahlung zu einem weiteren Temperaturanstieg kam. Schon am

11. 4. 52 wurden in der Hütte in Schadendorf + 25° registriert. Diese Schönwetterperiode wirkte sich bei geringen Luftdruckgegensätzen und einer großen Stabilität der Wetterlage in vollem Maße aus. Ganz Deutschland zeigte beispielsweise am 15. 4. keine Luftdruckgegensätze; die 1020 mb-Isobare verlief von Nordspanien über Norditalien, den Balkan, südlich des Kaspisees vorbei bis 90° ö. L.; von dort führte sie südlich des Urals vorbei zum Finnischen Meerbusen und erreichte über Südnorwegen und Island das Gebiet von Grönland und umfaßte dann das westlich von Spanien gelegene mittelatlantische Hochdruckgebiet zwischen 50 und 70° w. L. Das Kerngebiet der Antizyklone verlagerte sich am 16. und 17. nach Südnorwegen, so daß an der Ostseite nunmehr arktische Kaltluft nach Mitteleuropa einströmen konnte, was einen Rückgang der Temperaturen zur Folge hatte. Diese Polarluft erwärmte sich und wies dabei sehr geringe Werte der relativen Luftfeuchtigkeit auf (am 17. 4.: 16 %). Hierdurch wurde wiederum eine starke Ausstrahlung ermöglicht, so daß die Temperaturen in den Nächten vom 17. auf den 18. und vom 18. auf den 19. bis nahe an den Nullpunkt absinken konnten. Obgleich es am 19. April zu einem Zerfall der über Deutschland lagernden Hochdruckzone kam, bildete sich anfangs noch keine Bewölkung, und so ließ die Nacht vom 19. auf den 20. 4. bei windstillem Wetter ebenfalls noch eine kleinklimatische Untersuchung zu.

Luftmassen für Bremen:

7. 4.	—	mT
8. — 10. 4.	—	mT
11. — 12. 4.	—	mT_s
13. — 16. 4.	—	mT alternd
17. 4.	—	mT/cP
18. — 19. 4.	—	cP_t
20. 4.	—	cP_t/mP_t

Großwetterlagen:

7. u. 8. 4.	Antizyklonale Südwestlage (gSW)
9. — 11. 4.	Antizyklonale Südwestlage (gSW)
12. — 15. 4.	Zonale Hochdruckbrücke über Mitteleuropa (zBM)
16. — 18. 4.	Hoch Britische Inseln (mHB) Nordlage
20. — 23. 4.	Trog über Westeuropa (mTrW) Nordlage

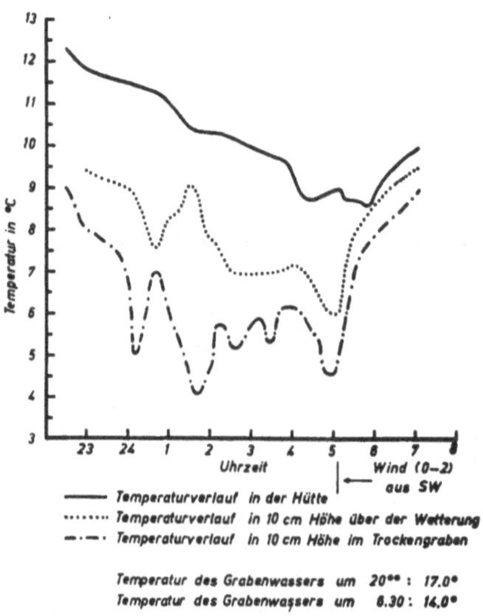

Abb. 7. Mikroklimatische Untersuchung in der Nacht vom 15. auf den 16. April.

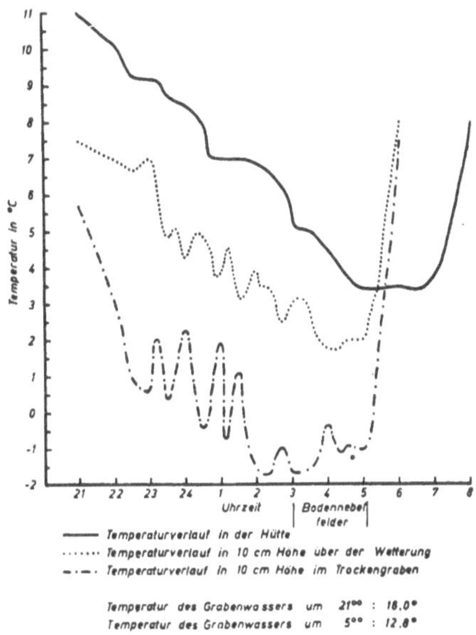

Abb. 8. Mikroklimatische Untersuchung in der Nacht vom 18. auf den 19. April.

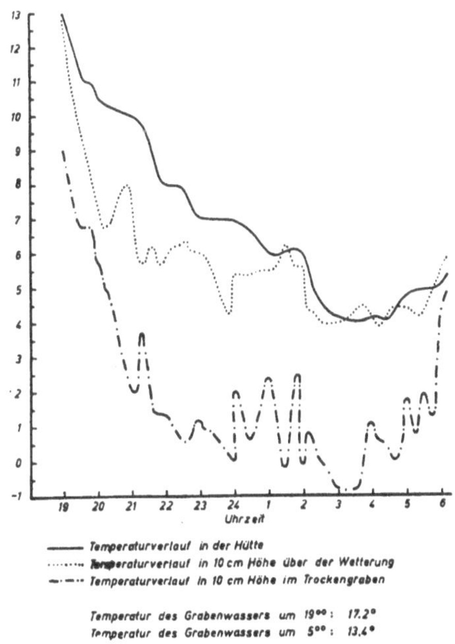

Abb. 9. Mikroklimatische Untersuchung in der Nacht vom 19. auf den 20. April

Die Abbildungen 7, 8 und 9 zeigen die Ergebnisse dieser Untersuchungsperiode im April 1952. Die Kurven ergaben sich aus 3 Thermographenaufzeichnungen. In allen drei Untersuchungsnächten kommt die Unruhe innerhalb der bodennahen Luftschicht zum Ausdruck, während der Temperaturverlauf in der Hütte einen ruhigeren Gang aufwies. Dabei geht das Absinken und Ansteigen der Temperatur in dem Trockengraben und über der Wetterung nicht etwa parallel zueinander vor sich, sondern es verläuft z. T. sogar entgegengesetzt (vergl. Abb. 7: 0.30—2.00; Abb. 8: 21.00—24.00; Abb. 9: 22.30—4.00), wie das auch schon aus der Abb. 6 zum 6.00-Zeitpunkt zu ersehen ist. Diese Erscheinung kann nur aus dem Überschwappen des Kaltluftsees verstanden werden, womit dann ein Luftaustauch zwischen der warmen Luft über der Wetterung und der kalten Luft im Trockengraben vonstatten gehen muß. Auch der treppenförmige Verlauf der Temperaturkurve in der Hütte könnte vielleicht mit den Vorgängen in Bodennähe in Verbindung gebracht werden. Man beachte dazu das Zusammenfallen von Abkühlungs- und Erwärmungsphasen in der Hütte und im Trockengraben; bei entgegengesetzten Vorgängen über der Wetterung können dafür keine ortsfremden Einflüsse geltend gemacht werden. Eine exakte Klärung der Austauschvorgänge dürfte nur mit recht viel feineren Meßmethoden möglich sein und war auch nicht das Ziel der Erhebungen, wie es ebensowenig Aufgabe der geographischen Arbeit sein konnte, die Frage zu lösen, ob es sich bei der Entstehung der niedrigen Temperaturen im Trockengraben um ein Zusammenfließen von Kaltluft oder um Auswirkungen des Falkenbergeffekts handelt (L. 36 u. L. 45, S. 23 II. Aufl.).

Den Geographen interessieren vielmehr die tatsächlichen Verhältnisse, und es sei daher noch auf einige Beobachtungen und Messungen hingewiesen, die in diesen 3 Nächten gemacht wurden. Kommt es allgemein bei so starkem Absinken der Temperaturen am Boden, wie das in den Untersuchungsnächten der Fall war, in den Marschen zur Taubildung, so hatte sich erstaunlicherweise an dem Thermographen über der Wetterung kein Tau abgesetzt. Eine Deutung dieser Erscheinung durch die erhöhte Temperatur über der Wasserfläche ist möglich, ohne daß ein Beweis erbrachte werden kann. — Der enorme Anstieg der Temperaturkurven am 19. 4. 52 um 5.15 ist auf direkte Sonnenbestrahlung der Geräte zurückzuführen. Ergänzend zu den Lufttemperaturen und den Wassertemperaturen wurde noch der Temperaturverlauf in 2 cm Bodentiefe erfaßt.

	15./16. 4.	18./19. 4.	19./20. 4.
19.00	—	—	9,8°
21.00	—	8,6°	4,8°
23.00	10,4°	5,4°	5,0°
1.00	8,2°	3,7°	—
3.00	6,4°	1,6°	—
5.00	5,8°	0,8°	3,6°
6.30	9,0°	—	—

Nur in den Abendstunden ist der Boden noch wärmer als die Luft über der Wetterung, gleicht sich dann aber im Laufe der Nacht bei fortwährender Ausstrahlung bald den extremen Temperaturbedingungen der Luft im Trockengraben an, und selbst bei Tage erreichte der Boden am 15. 4. nur 18,8°, am 18. 4. 16,9°, am 19. 4. 16,6° und lag damit beim 14-Uhr-Ablesetermin nur unwesentlich über den abendlichen Wassertemperaturen (siehe Abb. 7, 8 und 9).

Unverkennbar wird aber aus allen Messungen ersichtlich, daß im Frühjahr das schon weitgehend erwärmte Grabenwasser auf die auflagernde Luft eine Heizwirkung auszuüben vermag, wie das in den windschwachen Strahlungsnächten besonders deutlich wird. Konnte anfangs noch vermutet werden, daß der Temperaturunterschied des Grabenwassers bei der abendlichen und morgendlichen Messung zufälliger Art sei und durch die Heranführung von kälterem Wasser bedingt sein könnte (die mit der Wetterung in Verbindung stehenden Kuhlen 500 m östlich der Meßstellen weisen auch im Sommer noch recht kaltes

Wasser auf), so mußte aus der Gleichförmigkeit der Temperaturänderung auf eine Wärmeabgabe an die Luft in den Nächten geschlossen werden. Im Oktober vermochte die Sonne das Wasser bei geringerer Höhe über dem Horizont als im April/Mai tagsüber nicht mehr so weit aufzuheizen, so daß auch die Wärmeabgabe in der Nacht geringere Werte erreichte.

Bedenkt man, daß teilweise bis über 10 % der Fläche in der Marsch von Gräben eingenommen wird, so darf man die Bedeutung der Wasserflächen für die Gestaltung und Abänderung des örtlichen Klimas nach den obigen Ausführungen nicht unterschätzen, wie man sich aber auch vor einer Überbewertung hüten muß.

Gibt aber 1 m^3 Wasser die Wärmemenge an die Luft ab, die bei einer Abkühlung um 1° frei wird, so kann dadurch die Temperatur von 3200 m^3 Luft um 1° erhöht werden. Aus der spez. Wärme des Wassers (1), der spez. Wärme der Luft (0,24) und dem Gewicht von 1 m^3 Luft (1,29 kg) ergibt sich nämlich:

$$\frac{1000}{0{,}24 \cdot 1{,}29} = 3250 \text{ m}^3$$

Setzt man aber nur 1 % der Fläche der Marschen als Wasserfläche ein, so ergibt sich bei einer angenommenen Tiefe der Gräben von 50 cm und einer Gesamtfläche des binnendeichs gelegenen Marschgebietes von ca. 6600 ha eine Wassermenge von 330 000 m^3 Wasser in den Gräben. Geht diese Überschlagsrechnung noch von Minimalwerten aus, so ergibt sich bei 1° Wärmeabgabe an die Luft eine Erhöhung der Lufttemperatur um 1° bis zu 16 m Höhe.

W. Kreutz (L. 94) weist schon auf die Bedeutung der Gräben für die Herabsetzung der Frostgefahr hin; dagegen argumentiert P. Lehmann (L. 107, S. 90), daß „seichte Gewässer einen Wärmehaushalt aufweisen, der nicht allzu verschieden ist von dem des pflanzenbestandenen Bodens". Betreffen die Messungen von P. Lehmann nur die Tageszeit von frühestens 5.30 bis spätestens 18.00, so werden dadurch die besonderen Verhältnisse in den Nächten nicht erfaßt. Auch R. Geiger (L. 45, S. 390), der auf den Untersuchungen von Kreutz und Lehmann fußt, weist den kleineren Wasserflächen nur eine geringe Bedeutung auf den Temperaturgang der Umgebung zu.

Ist die Begünstigung der Marsch hinsichtlich der Frostgefährdung im Frühjahr bestimmt nicht ausschließlich auf die oben dargelegten Faktoren zurückzuführen, so darf der Einfluß der kleinen Wasserflächen aber auch nicht bei einer Beurteilung der Örtlichkeit vernachlässigt werden, und zwar besonders nicht in windschwachen Strahlungsnächten. Die Wetterlage, die einen derartigen Witterungscharakter bedingt, weist nach dem Katalog der Großwetterlagen Europas (L. 67) im Mai und Juni gegenüber den anderen Monaten des Jahres eine größere Häufigkeit auf. Nordlagen, Ostlagen und Nordostlagen sind mit 43,8 % an der Steuerung des Witterungsgeschehens im Mai beteiligt, während die gleichen Großwetterlagen (HN, mHN, mHB, mN, mTrM, HF, HFN und mNE) im Jahresganzen nur 28,5 % ausmachen. Im Verlaufe dieser Großwetterlagen kann es immer zur Ausbildung von Schadensfrösten im Frühjahr kommen, die ganz Norddeutschland erfassen können oder aber auch nur örtlich zur Auswirkung gelangen.

Immer werden die Marschgebiete beiderseits der Elbe weitgehend verschont bleiben, denn die großen Wasserflächen der Elbe machen sich ebenfalls in solchen Nächten mildernd bemerkbar, wie das aus eingehenden Untersuchungen hervorgeht, die von Grunow (L. 54) und von Pender (L. 11 u. 12) angestellt wurden. Aus beiden Angaben wird ersichtlich, daß es aber in wesentlichem Maße auf die Richtung der Luftbewegung ankommt, welche Marschgebiete in den betreffenden Nächten begünstigt werden. Immer aber sind es die stromnahen Gebiete, die am stärksten beeinflußt werden. Nach K. Bender (L. 11, S. 283) soll im Alten Land bei Nordostwind eine Erhöhung der Lufttemperatur um 2° möglich sein. Zeichnen sich die Nächte mit Nachtfrostgefahr meist durch nördliche und östliche Luftströmungen aus, so sind dadurch im allgemeinen die linkselbischen Marschen mehr begünstigt. Bei Winden aus Nordwesten, Westen oder Südosten, die mit Advektivfrösten gekoppelt sind, wird das Alte Land aber von der in der Randmoorzone abgekühlten Luft überweht und ist in stärkerem Maße frostgefährdet. In der Haseldorfer und Seestermüher Marsch weist die Randmoorzone nicht die Ausdehnung wie auf der linkselbischen Seite auf.

Nach Beobachtungen (Ende Mai 1952) von Herrn Dr. Loewel (L. 115a), dem Leiter der Obstbauversuchsanstalt Jork, soll besonders auch in den Nebentälern der Elbe die Kaltluft vordringen, so daß man es auch hier mit frostgefährdeten Gebieten in der Nähe des Geestrandes zu tun hat, während sich in dem geschlossenen Obstbaumwald an der Elbe im Alten Land der Kälteeinbruch einer Nacht noch nicht durchsetzen konnte.

Die Frostgefährdung ist nicht nur auf die Blütezeit beschränkt, sondern es können wie am 19./20. und 20./21. Mai 1952 auch noch nach der Blüte Fröste auftreten. Die Frostempfindlichkeit der Fruchtansätze ist dabei noch größer als die der Blüte, wie das aus der Veröffentlichung von Herrn Dr. Loewel hervorgeht (L. 115a, S. 2). Auch Höck (L. 72, S. 363) wies schon auf das Abfallen der jungen Früchte durch Frosteinwirkung hin.

In einer späteren Arbeit von Herrn Dr. Loewel wurden dann die Auswirkungen der Schädigung und des Schadensbildes an Früchten dargelegt. Beim James Grieve z. B. macht sich die Frosteinwirkung durch meridionale Risse in Gürtelform bemerkbar. Diese Schäden konnten auch an fünf Äpfeln an einem Baum der gleichen Sorte in dem Obstgarten in Schadendorf festgestellt werden. Die geschädigten Früchte befanden sich auf der Südseite des Baumes in einer Höhe zwischen 1,20 und 2,50 m. Eine Überprüfung der Hüttentemperaturen zeigte aber keinen Frost in dieser Höhe nach der Blüte. (Nacht vom 19. auf den 20. Minimum + 0,7°, Nacht vom 20. auf den 21. Mai Minimum + 2,2°). Nimmt man nach Weger (L. 197, S. 32) auch an, daß die Pflanzenteile sich um etwa 1,5° unter die Lufttemperatur auf Grund der Ausstrahlung abkühlen, so würden die jungen Früchte nur eine Temperatur von —0,8° erreicht haben. Die kritische Temperatur, bei der eine Schädigung eintritt, soll aber bei Äpfeln erst bei —1,8° liegen, so daß sich die geschilderten Beobachtungen nicht mit den bisherigen Erkenntnissen erklären lassen.

Auch in einer Obstanlage am Wege von Wedel zum Fährmannssand wurden gleiche Schäden beobachtet. Diese Plantage war von den Frösten am 19./20. und 20./21. Mai ziemlich schwer betroffen werden, obgleich sie sich nur einige 100 m von der Elbe entfernt zwischen dieser und dem Geestrand befindet. Eingebettet in die Wiesen, werden die Anlagen hier immer stärker frostgefährdet sein. In Frostnächten mit östlicher oder nördlicher Luftströmung wälzt sich nämlich die kalte Luft von der Geest her in die Marsch; über den feuchten Wiesen kühlt sie sich weiter ab, und diese Kaltluft erfaßt dann die Obstanlagen, von denen sie festgehalten wird. Bei „ablandigen Winden" kommt der Einfluß der Elbe also nicht zur Geltung, und es besteht hier am Geestrand dann immer die Gefahr einer Verringerung des Ertrages.

Überhaupt dürfte im allgemeinen die Zone vor dem Geestrand auf Grund der tiefen Lage und des damit bedingten Zusammenflusses der Kaltluft weitgehend ungeeignet für empfindliche Kulturen sein, zu denen ebenfalls der Obstbau zählt. Die ganze Randmoorzone als auch noch Teile des Sietlandes sind stärker frostgefährdet als die weiter zur Elbe hin gelegenen Gebiete und sind damit nicht für Anpflanzungen zu empfehlen, zumal die Obstanlagen hier ja auch noch durch den hohen Grundwasserstand und auf Grund der geringeren Durchlüftung des Bodens in ihrer Entwicklung gehemmt werden. Die Ausdehnung dieser Kaltluftseen wird in dieser Zone vielfach durch Bodennebelfelder markiert. Die größere Frostgefährdung ist dabei auch durch den hohen Anteil an Grasflächen bedingt, deren tiefe Temperaturen durch die Unterbindung des Wärmenachschubs aus dem Untergrund, d. h. also aus der isolierenden Wirkung der Grasnarbe, zu erklären sind. Aus den gleichen Gründen sollte man daher Wiesen und Weiden zwischen geschlossenen Obstanlagen vermeiden, da sie immer Kälteinseln darstellen, während geschlossene Obstbaumflächen ebenso wie ein Wald erst allmählich von Frösten ergriffen werden, wie das auch am 19./20. 5. 1952 im Alten Land der Fall war. Aber auch die Niederungszonen verlandeter Fleete sollen zweckmäßigerweise von Obstanpflanzungen ausgespart werden, da sich in kritischen Nächten auch hier zuerst Frostinseln bilden werden.

So ist also wiederum das Hochland an der Elbe ebenfalls hinsichtlich der klimatischen Bedingungen am besten für den Obstbau geeignet. Auch Teile des Sietlandes sind bei Berücksichtigung der örtlichen Gegebenheiten den Intensivierungsmaßnahmen noch zugänglich. Vor allem dürfte das in der Haseldorfer Marsch möglich sein. Wenn sich in bezug auf die Frostgefährdung auch sagen läßt, daß sich die Anlagen um so erfolgversprechender entwickeln werden, je weiter sie zur Elbe hin gelegen sind, so kommen im Außendeichsgebiet aber die Nachteile des verstärkten Windeinflusses, der Unzugänglichkeit und einer möglichen Überflutung hinzu. In allen Fällen müssen aber die örtlichen Gegebenheiten in Erwägung gezogen werden, und hier kann man ein Wort von W. J. Humphrey (L. 45, S. 388) an den Schluß stellen: „Die beste Zeit um das Obst vor Frost zu schützen, ist die Zeit, da der Obstgarten angelegt wird." Diese Forderung gilt aber nicht nur für die Berücksichtigung und Vermeidung frostgefährdeter Lagen, sondern auch alle anderen Faktoren bodenkundlicher und klimatologischer Art müssen vor der Anlage einer Plantage untersucht und erwogen werden.

C. INWERTSETZUNG DER NATÜRLICHEN GRUNDLAGEN DURCH DEN MENSCHEN

Sind somit in den vorherigen Abschnitten die naturgeographischen Grundlagen untersucht und dargestellt worden, so kommt es aber erst durch den Menschen zur Ausnutzung dieser latenten Kräfte des Raumes. Und wie ganz bestimmte Standortverhältnisse Grundbedingung eines erfolgreichen Obstbaues sind, so wäre ohne die menschliche Pflege und Kulturarbeit eine Ertragssicherheit nicht gewährleistet. Der Mensch hat sich bewußt oder unbewußt weitgehend den von der Natur begünstigten Standorten bei der Auswahl der Parzellen angepaßt und versucht dabei noch andererseits, diese örtlichen Bedingungen zu verbessern. Die Rentabilität ist von den natürlichen Gegebenheiten abhängig, wie sich dahingehend weiterhin auch Marktentwicklung und Marktentfernung auswirken. War der Obstbau anfangs nur auf eine Eigenversorgung eingestellt, so kam bei steigender Nachfrage nach dem ersten Weltkrieg der Plantagenobstbau auf, und es erfolgte damit gleichzeitig eine Intensivierung der bäuerlichen Wirtschaftsform im Marschgebiet zwischen Elbe und Krückau.

In diesem wechselseitigen Abhängigkeitsverhältnis treten auf der einen Seite also immer die Lage und die natürliche Begünstigung des Marschengebietes hervor, während auf der anderen Seite, gebunden an die Gegebenheiten des Raumes, der Mensch steht, der durch seine Schaffenskraft die Landschaft gestaltet, in direkter und indirekter Weise zur Ausweitung der Obstkulturen beitrug und somit in seiner Beziehung zum Obstbau in den Rahmen der Betrachtungen einbezogen werden muß. Damit wird die in einer geographischen Abhandlung notwendige ganzheitliche Darstellung erreicht; es soll aber in der vorliegenden Arbeit diesem Fragenkomplex ein nicht zu breiter Platz eingeräumt werden, da über die wirtschaftsgeographischen und strukturellen Fragen des Obstbaues an der Niederelbe eine umfassende Arbeit demnächst erscheinen wird; die Erhebungen dazu wurden einem Doktoranden von der Obstbauversuchsanstalt des Alten Landes ermöglicht. Soweit aber im Rahmen einer Grundlagenforschung geographische Probleme vorliegen, müssen diese auch in der vorliegenden Untersuchung berücksichtigt werden.

Vergleicht man an dieser Stelle noch einmal auf Grund der nun vorhandenen Beurteilung der Marschen die Verteilung der Obstbauflächen mit den natürlichen Grundlagen, so läßt sich daraus ersehen, daß man meistenteils auch heute keine anderen Zonen für eine Aufpflanzung vorschlagen würde. Es bringt allerdings die noch vorhandene Weitständigkeit und Lückenhaftigkeit der Bepflanzung einige Nachteile mit sich, wie das oben schon angedeutet wurde. Geschlossene Flächen sind windgeschützter, und ein Obstbaumwald ist auf Grund seiner mikroklimatischen Sondererscheinungen den kurzfristigen Temperaturextremen während der Vegetationszeit weniger ausgesetzt. Darüber hinaus würde schon aus betriebswirtschaftlichen Gründen die Geschlossenheit der Obstanlage, die zu einem Hof gehört, eine Arbeitserleichterung und gleichzeitig damit eine Rationalisierung bringen, wie das bei einigen Anlagen auch der Fall ist. In dem in der Entwicklung begriffenen rechtselbischen Obstbaugebiet tritt aber durchweg gerade noch die Weitständigkeit der Plantagen als Kennzeichen der sich vollziehenden Umwandlung hervor. Der Vorteil dieser Verteilung dürfte in geringem Maße in der Erschwerung der Verbreitung von schädlichen Insekten, pflanzlichen Schädlingen und Obstbaumkrankheiten liegen. Bei einem Abstimmen der Bekämpfungsmaßnahmen läßt sich aber auch in geschlossenen Obstbaumflächen bei den heute hochentwickelten Methoden der Schädlingsbekämpfung relativ leicht eine durchgreifende, nachhaltige Wirkung erzielen. Als Voraussetzung dafür gilt nur, daß alle Besitzer der Forderung einer gleichzeitigen und gleichartigen Bekämpfung nachkommen. Infolge der starken Verbreitung einer Kultur (hier der Obstbau) können nämlich sonst in einem solchen Gebiet die Schädlinge überhandnehmen und durch Krankheiten die Kulturen gefährdet werden. Ein Beispiel liegt in der starken Ausbreitung der Roten Spinne (Paratetranychus pilosus) vor. Ist es auch einigen Besitzern gelungen, ihre Anlagen vollkommen frei zu bekommen, so sind andere Obsthöfe noch verseucht und stellen einen Brutherd für die ganze Umgebung dar. Mit allen diesen speziellen Fragen kann sich aber der einzelne Obstbauer kaum noch befassen und muß sich daher weitgehend die Richtlinien des Obstbauberatungsringes zunutze machen.

In dieser Institution wurde von den Bauern eine Stelle geschaffen, die beratend die Schnittpflege und Düngung zu lenken und nach dem Grad des Schädlingsbefalles und der Vegetationsentwicklung den Zeitpunkt der Spritzungen zu empfehlen hat. Darüber hinaus erwachsen dem Obstbauberatungsring auch Forschungsprobleme hinsichtlich der weiteren Verbesserung der Bodenpflege und der Sortenwahl. Bei einem Auftreten von neuen Schädlingen müssen deren Lebensgewohnheiten in Abhängigkeit von dem Witterungsgeschehen festgelegt werden, wie auch Fragen der Neuzüchtung von Obstbäumen bedeutungsvoll werden. Die Liste der Aufgaben, wie sie aus der Praxis erwachsen, läßt sich noch beliebig verlängern. Immer tritt in allen Fragestellungen das Problem auf, welche Besonderheiten ergeben sich für den Obstbau im Bereich der Marschen bzw. in den von dem Obstbauberatungsring betreuten Gebieten. Der Nutzen und die Bedeutung einer solchen Arbeit werden besonders im Alten Land deutlich, wie auch die ganze Forschungstätigkeit aus den Veröffentlichungen ersichtlich wird, die von der Biologischen Reichsanstalt als auch von der Obstbauversuchsanstalt in Jork herausgebracht worden sind und über die Grenzen dieses Gebietes, aber auch über die Staatsgrenzen hinaus richtungsgebend im Obstbau wurden. Sind dieser Organisation Einkaufs- und Absatzgenossenschaften angeschlossen, so kann die Hauptaufgabe nicht in dieser Richtung liegen. Das Arbeitsgebiet muß vor allem auf eine Vervollkommnung des Obstanbaues ausgerichtet sein, wenn auch die kaufmännischen Belange nicht vernachlässigt werden sollten. Aus Erfahrungen, Erhebungen und Untersuchungen muß dann weiterhin die Möglichkeit erwachsen, vor der Anlage von Neuanpflanzungen die Beurteilung der Raumgegebenheiten vorzunehmen, um so Fehlschläge vermeiden zu helfen. Eine Neuanlage ist dabei ja allerdings an die bestehenden Besitzverhältnisse gebunden; sie muß sich aber doch möglichst schon im eigenen Interesse den allgemein gültigen Forderungen anpassen.

Der rechtselbische, marktorientierte Obstbau ist aus kleinen Anfängen hervorgegangen. Der Obstgarten der Bauern reichte meist nicht über die Größe hinaus, mit der sich der eigene Bedarf decken ließ; es zeugen von diesen kleinen Anlagen noch die alten, knorrigen, hochstämmigen Obstbäume in der Nähe der Gehöfte. Aber auch die Handwerker, Fischer, Schiffer und vor allem die Bandreißer schufen sich durch den Obstbau damals einen nicht unwesentlichen Nebenverdienst. Zum großen Teil werden die Parzellen um die kleinen Häuser herum heute noch in der gleichen Weise mit weitständigen Obstbäumen bewirtschaftet, wobei als Unterkultur Gras- und gartenbauliche Nutzung vorhanden ist.

Im Alten Land geht der Obstbau schon auf die Zeit vor 1600 zurück, denn schon 1612 wird in einer Urkunde von der Verschiffung von 100 Tonnen Birnen und Äpfel gesprochen (Appel, L. 4, S. 385), und seit der Zeit haben sich dort die Obstanlagen immer weiter ausgebreitet.

Abgesehen von den ersten Anfängen, erfolgte eine stärkere Ausweitung auf der holsteinischen Seite der Elbe dagegen erst nach dem ersten Weltkrieg durch die Initiative einiger Besitzer. Mit der Auswirkung der Weltwirtschaftskrise um 1930 soll sich nach D. Thétard (L. 181, S. 53) „in der Haseldorfer Marsch aus einer Krisensituation des Feldbaues heraus fast unvermittelt der bäuerliche Obstbau" entwickelt haben. D. Thétard bringt in seiner Darstellung dabei aber nicht zum Ausdruck, daß es sich um eine Absatzkrise für die deutschen Agrarprodukte auf Grund fallender Weltmarktpreise handelte. Eine betriebswirtschaftliche Krise dürfte zumindest bei den Marschhöfen nicht vorgelegen haben, denen der Übergang zum kapitalintensiven Obstbau möglich war. Nach F. Hilkenbäumer und E. Hoffmann (L. 71, S. 4) beläuft sich nämlich der Gesamtaufwand für 1 ha Obstanlage bis zum Ertragsbeginn auf 3600 DM (für eine Buschanlage mit 270 Bäumen pro ha). Dabei soll diese Plantage dann schon sogar nach sechs Jahren Erträge liefern. Rechnet man gleichzeitig den teilweisen Ertragsausfall an Feldprodukten während dieser Zeit, so kann man daraus ermessen, daß nur wirtschaftlich gut fundierte Betriebe zu einer solchen Änderung ihrer Betriebsform in der Lage waren und auch heute noch sind.

Eine sprunghafte Entwicklung war aber damals schon genau so wenig möglich wie in den folgenden Jahren, in denen bei allgemeiner Konjunktur eine langsame Ausweitung erfolgte, die bis in die Gegenwart anhält. So ist nach G. Thiede (L. 181a, S. 202) der Anteil der noch nicht ertragsfähigen Bäume bei Äpfeln mit 28 % heute größer als 1938 mit 25 % (Zahlen für Schleswig-Holstein). Aus der Zahl der Apfelbäume wird ebenfalls die Entwicklung seit 1934 in den Kreisen Pinneberg und Steinburg deutlich, wobei diese Angaben sich nur auf den Erwerbsobstbau beziehen (L. 181a, S. 202).

Jahr:	1934	1938	1947	1951
Zahl der Apfelbäume:	62 000	91 000	174 000	283 000

Schließlich kommt die heutige Struktur im Marschengebiet des Kreises Pinneberg auch in den Zahlen der Verteilung auf die verschiedenen Altersstufen der Apfelbäume zum Ausdruck. Danach ergibt sich für den Erwerbsobstbau im Kreise Pinneberg nach der Obstbaumzählung 1951 (L. 216) folgende Aufstellung:

	ertragf.	noch nicht ertragf.	abgängig	Gesamt-zahl	Anteil an noch nicht ertragf.
Apfelbäume insgesamt	87 859	68 249	3 559	159 667	43 %
Hochstämme	13 435	8 129	1 058	22 622	36 %
Halb- und Viertelst.	44 340	31 366	2 242	77 948	40 %
Buschbäume	29 509	28 653	189	58 351	49 %
Spindel- u. Spalierobst	—	—	—	746	—

Besonders deutlich geht der große Anteil der noch nicht ertragsfähigen Apfelbäume aus diesen Zahlen hervor, was besonders für die Buschbäume zutrifft. Bei einer kürzeren ertragslosen Zeit dieser niedrigen Bäume mit breiten Kronen, die für den Plantagenobstbau wegen bequemerer Pflückarbeit, für den Marschenbereich wegen ihres niedrigen Wuchses (geringere Windbeeinflussung) bevorzugt geeignet sind, wird somit in den nächsten Jahren die Zahl der ertragsfähigen Bäume sehr schnell zunehmen, womit bei steigenden Erträgen pro Baum mit recht viel größeren Erntemengen zu rechnen sein wird.

Und ist der Obstbaumbestand in ganz Schleswig-Holstein von 1938 bis 1951 um 25 % gestiegen, im Land Hadeln um 37 %, in Südbaden um 160 % (L. 115c A. Löhden, S. 254), so hat sich die Anzahl der Apfelbäume im holsteinischen Obstbaugebiet an der Niederelbe gegenüber dem Stand von 1938 im Jahre 1951 auf 312 % erhöht. Diese Entwicklung ist keineswegs abgeschlossen, und schon aus dem Vergleich zweier aufeinanderfolgender Jahre der Bodennutzungserhebung ergibt sich für die Marschgebiete eine weitere Ausdehnung der durch den Obstanbau genutzten Flächen. Dabei muß man bedenken, daß die in der Bodennutzungserhebung erfaßten Flächen nur die reinen Obstbaumanlagen darstellen, während die Neuanpflanzungen noch unter anderen Rubriken laufen. So umschließt auch die eingangs erwähnte Zahl von 470 ha Obstbaumfläche nur ertragsfähige Anlagen, während sich die noch nicht ertragsfähigen, anderweitig genutzten Anlagen nicht erfassen lassen.

Marschgemeinden:	Anteil der Obstanlagen an der landwirtschaftlichen Nutzfläche 1950	1951	Zunahme in ha im Jahre 1950/51
Haselau	11,7 %	12,3 %	6,7
Haseldorf	4,4 %	5,0 %	8,0
Hetlingen	1,9 %	2,0 %	1,0
Kurzenmoor	5,6 %	6,7 %	6,7
Neuendeich	3,5 %	4,0 %	5,4
Seestermühe	8,0 %	10,5 %	14,7
Gemeinden mit Marsch- und Geestflächen:			
Wedel	1,9 %	2,5 %	1,4
Moorrege	1,4 %	1,5 %	0,9
Groß-Nordende	3,4 %	3,0 %	—

Den höchsten Anteil weist der Gemeindeteil Hohenhorst mit etwa 25 % auf. Damit ist aber bei weitem noch nicht die Bestandsdichte erreicht, wie sie in einigen Gemeinden des Alten Landes mit einem Anteil der Obstbaumflächen an der landwirtschaftlichen Nutzfläche von über 50 % vorhanden ist.

Diese hohen Flächenanteile dürften auch in den kommenden Jahrzehnten kaum erreicht werden. In den bäuerlichen Betrieben, in denen der Obstbau nur die Funktion eines Teilbetriebszweiges einnimmt, ist der Ausweitung durch die Bewirtschaftungsmöglichkeit bald eine Grenze gesetzt. Sind 4 ha Obstbaumfläche als Mindestanteil notwendig, da sich sonst der Aufwand an Lagerung, Pflege und

Maschinenhaltung nicht lohnt, so bringen 10 ha Obstbaumfläche schon eine so hohe Arbeitsbelastung, wie sie neben der bäuerlichen Arbeit kaum noch bewältigt werden kann, es sei denn durch zusätzliche Arbeitskräfte. Wenn dieser Zustand aber erst einmal erreicht ist, kommt es auch leicht zu einer Abtrennung des Teilbetriebes und damit zur Bildung eines Doppelhofes. Aber diese Frage wird erst in naher Zukunft eine Rolle spielen, und es wird sich dann herausstellen, ob sich die Anzahl der bäuerlichen Betriebe im Zuge der Intensivierung in der Haseldorfer und Seestermüher Marsch vergrößern wird. Damit würde dann zugleich auch die Grundlage für eine Zunahme der bäuerlichen Bevölkerung gegeben sein, während von 1840 bis 1945 die Bevölkerungszahlen in den Marschen leicht rückläufig waren (L. 109, Lehmann, S., S. 38). Wandlungen der Siedlungsstruktur würden eine weitere Folge dieser Entwicklung sein. Bis heute prägt sich allerdings der Obstbau im Siedlungsbild noch kaum aus. Im Vergleich zum Alten Land, in dem die durch den Obstbau bedingte Wohlhabenheit schon in den gepflegten Gehöfen und reich verzierten Hausbauten zum Ausdruck kommt, findet man gleichartige Erscheinungen in dem erst in der Entwicklung begriffenen rechtselbischen Obstbaugebiet noch nicht. Nur die halb in die Erde versenkten Obstkeller und die Obstscheunen sind als reine Zweckbauten den Gehöften angegliedert worden.

Die Verbindung von Ackerbau, Viehhaltung und Obstbau bringt in den rechtselbischen Marschen zweifellos eine Krisenfestigkeit der betreffenden Betriebe mit sich, während reine Obstbaubetriebe zur Überbrückung schlechter Jahre eine große Kapitalrücklage benötigen, zumal die hohen jährlichen Unkosten auch in solchen Jahren bleiben. Da in den holsteinischen Marschen außerdem zum größten Teil Apfelbäume und hier wiederum Herbst- und Winteräpfel angepflanzt wurden, kommt es in den bäuerlichen Betrieben zu einer nicht zu starken Überlagerung der Arbeitsspitzen, wenn auch die Feldbestellung im Herbst mit der Pflückarbeit zusammenfällt; daneben müssen ebenfalls in den Sommermonaten die Spritzungen eingeschoben werden, während der winterliche Obstbaumschnitt und das Abpacken der Äpfel zum Versand sowieso in die Zeit einer gewissen bäuerlichen Arbeitsruhe fallen.

Aus der Gegenüberstellung der Reinerträge von 1 ha Ackerland und 1 ha Obstgarten ersieht man aber, wie groß die Bedeutung einer Obstanlage in dem wirtschaftlichen Gesamtgefüge eines gemischten landwirtschaftlichen Betriebes ist. Es werden allerdings in diesen Betrieben meist bis heute noch nicht die hohen Erträge erreicht, wie sie reine Obstbaubetriebe mit 25 000 kg pro ha aufweisen. Aber auch mit einem Durchschnittsertrag der voll ertragsfähigen Anlagen von 15 000 kg pro ha, d. h. einem Ertrag von 100 kg pro Baum, liegen die Elbmarschen weit über dem Landesdurchschnitt, der 1951 30,4 kg (L. 209, S. 167) pro Baum betrug. Die Rente liegt damit wesentlich höher als auf den Ackerflächen, wie das auch aus der folgenden Aufstellung hervorgeht. Man ersieht aber gleichzeitig, in wie starkem Maße die menschliche Arbeitsleistung im Obstbau zur Geltung kommt.

Diese Aufstellung kann natürlich nur etwa die allgemeinen Verhältnisse wiedergeben, da die Unkosten für Arbeitslöhne und aufzuwendende Sachgüter variieren. Weiterhin muß man bedenken, daß die natürlichen Grundlagen, die Intensität der Pflegemaßnahmen und die Marktkonjunktur starken Schwankungen unterliegen. Die vorliegende Berechnung umfaßt auch nur die tatsächlichen Unkosten, die bei der Bearbeitung der ha-Flächen entstehen; alle weiteren Belastungen, wie sie noch den Gesamtbetrieb betreffen, sind nicht mit aufgeführt. Für die Abschätzung des Verkaufserlöses wurde der Ertrag einer guten Anlage mit hochwertigem Tafelobst zugrunde gelegt.

Unkosten und Reinertrag von 1 ha Ackerland:

Arbeitsaufwand:

Bodenbearbeitung:			
Flach pflügen:	6 Std. für 3 Pferde + 1 Mann =	18 Pferdestd.	6 Arbstd.
Walzen:	2 Std. für 3 Pferde + 1 Mann =	6 Pferdestd.	2 Arbstd.
Eggen:	3 Std. für 3 Pferde + 1 Mann =	9 Pferdestd.	3 Arbstd.
Walzen:	2 Std. für 3 Pferde + 1 Mann =	6 Pferdestd.	2 Arbstd.
Pflügen der Saatfurche:	11 Std. für 3 Pferde + 1 Mann =	33 Pferdestd.	11 Arbstd.
Walzen:	2 Std. für 3 Pferde + 1 Mann =	6 Pferdestd.	2 Arbstd.
Eggen:	3 Std. für 3 Pferde + 1 Mann =	9 Pferdestd.	3 Arbstd.
Drillen:	3 Std. für 2 Pferde + 1 Mann =	6 Pferdestd.	3 Arbstd.
Eggen:	2 Std. für 2 Pferde + 1 Mann =	4 Pferdestd.	2 Arbstd.
Erntearbeit:			
Anmähen:	10 Std. für 1 Mann =		10 Arbstd.
Mähen mit Bindemäher:	3 Std. für 4 Pferde + 2 Mann =	12 Pferdestd.	6 Arbstd.
Aufhocken:	5 Std. für 2 Mann =		10 Arbstd.
Einfahren:	5 Std. für 4 Pferde + 3 Mann =	20 Pferdestd.	15 Arbstd.
Dreschen:	5 Std. für 4 Mann =		20 Arbstd.
Düngung:			
Düngertransport	1 Std. für 2 Pferde + 1 Mann =	2 Pferdestd.	1 Arbstd.
Düngerstreuen	6 Std. 1 Mann =		6 Arbstd.
	Gesamtarbeitsaufwand:	131 Pferdstd.	102 Arbstd.

Aufstellung der Gesamtunkosten:

102 Arbeitsstunden à 1,— DM	102,— DM
131 Pferdestunden à 2,— DM	262,— DM
Bindegarn	50,— DM
Saatgut	90,— DM
200 kg Kalkammon	48,— DM
250 kg Thomasmehl	30,— DM
150 kg Kali	24,— DM
Stromverbrauch beim Dreschen	7,50 DM
Verschleiß und Schmiermittel	30,— DM
Gesamtunkosten:	643,50 DM

Ernteertrag (durchschnittlicher Ertrag beim Anbau einer Körnerfrucht):

30 dz Korn	à 42,— DM	1 260,— DM
40 dz Stroh	à 4,— DM	160,— DM
	Gesamternteertrag:	1 420,— DM

Als Rente von 1 ha Ackerland ergibt sich demnach: 776,50 DM

Unkosten und Reinertrag von 1 ha Obstbaumfläche:
(Buschobstanlage mit 150 Bäumen)

Arbeitsaufwand:

Baumschnitt:	50 Std. für		1 Mann	=		50 Arbstd.
8 Spritzungen:	à 10 Std. für	1 Pferd +	3 Mann	=	80 Pferdestd.	240 Arbstd.
5mal Grasmähen mit Motormäher:	à 5 Std. für		2 Mann	=		50 Arbstd.
Pflückarbeit f. 15 000 kg:	300 Std. für		1 Mann	=		300 Arbstd.
Abtransport vom Feld:	80 Std. für	1 Pferd +	2 Mann	=	80 Pferdestd.	160 Arbstd.
Sortieren und Abwiegen zum Verkauf:	50 Std. für		3 Mann	=		150 Arbstd.
Düngung:						
Düngertransport:	1 Std. für	1 Pferd +	1 Mann	=	1 Pferdestd.	1 Arbstd.
Düngerstreuen:	10 Std. für		1 Mann	=		10 Arbstd.
	Gesamtarbeitsaufwand:				161 Pferdestd.	961 Arbstd.

Aufstellung der Gesamtunkosten:

961 Arbeitsstunden à 1,— DM	961,— DM
161 Pferdestunden à 2,— DM	322,— DM
400 kg Thomasmehl	48,— DM
300 kg Patentkali	51,— DM
200 kg Kalkammon	48,— DM
100 l Benzin	72,— DM
Schädlingsbekämpfungsmittel	620,— DM
Verschleiß und Schmiermittel	20,— DM
Gesamtunkosten:	2 142,— DM
Ernteertrag: 15 000 kg Äpfel à —,30 DM	4 500,— DM

Als Rente ergibt sich demnach von 1 ha Obstanlage: 2 358,— DM.

In ganz charakteristischer Weise geht aus dieser Gegenüberstellung das Ausmaß der menschlichen Arbeitsleistung in den Obstbaubetrieben hervor. Im Gegensatz zum Feldbau, der durch den Fortgang der Mechanisierung in den letzten 60 Jahren einen immer geringeren Arbeitsaufwand erfordert, kann man in den Obstanlagen von einer ständigen Ausweitung der menschlichen Pflegearbeit sprechen. Zu den Spritzarbeiten kommt die Bodenpflege in Form der Mulchwirtschaft; ein sorgfältiger Baumschnitt erfordert ebenso eine Mehrarbeit wie die Lagerung der Äpfel bis zur Genußreife. Es ist aber hervorzuheben, daß diese ganze Arbeit in den holsteinischen Elbmarschen in den bäuerlichen Obstbaubetrieben weitgehend durch familieneigene Arbeitskräfte geleistet wird, wodurch wiederum eine größtmögliche Rentabilität gewährleistet ist. Nur zur Obsternte im Herbst ist die Einstellung zusätzlicher Arbeitskräfte notwendig. Meist wird die Pflückarbeit von Frauen durchgeführt, wobei durch den starken Flüchtlingsstrom nach 1945 im Augenblick auch kein Mangel an geeigneten Kräften zu verzeichnen ist.

Bei aller Begünstigung durch die Natur des Raumes hätte der Obstbau ohne diesen ungeheuren Arbeitsaufwand aber auch gar nicht zu seiner heutigen Bedeutung an der Niederelbe gelangen können. Muß man sich doch vor Augen halten, daß heute der prozentuale Anteil der Obstbaumflächen selbst schon in dem rechtselbischen Obstbaugebiet weit größer ist als im pfälzischen Obstbaugebiet, und während dort die Erträge pro Baum in der Größenordnung des Bundesdurchschnitts von 25 bis 30 kg liegen (E. Weiß, L. 201, S. 79, gibt für Äpfel nur 16,8 kg pro Baum an), erwartet man in den Marschen einen Ertrag von mindestens 100 kg pro Baum im Durchschnitt. Liegt dort noch der Obstbau bei den Zwerg- und Kleinbetrieben, so ist er in den rechtselbischen Marschen zur Hauptsache von den bäuerlichen Betrieben als Teilbetriebszweig entwickelt worden. Neben diesem Plantagenobstbau wird der Anbau in Zwergbetrieben als Nebenerwerb heute hinsichtlich der Marktbelieferung bedeutungslos.

Sprechen auch alle Tatsachen für sich, so darf man aber nicht vergessen, daß der Zeitpunkt der Entwicklung in den rechtselbischen Marschen mit den ersten Forschungsergebnissen der Obstbaumpflege zusammentraf, womit ständig die neuesten Erkenntnisse hier in der Praxis verwirklicht werden konnten. Dabei erfuhr der Obstbau in diesem Gebiet eine weitere Stärkung nach 1948 durch den Bau von Lagerräumen, in denen die Ernte, in Kisten stehend, über mehrere Monate bis zum Verkauf gelagert werden kann. Die Lagerkapazität betrug im Juli 1951 in der Haseldorfer und Seestermüher Marsch 59 800 Zentner, womit eine weitgehende Unabhängigkeit vom Marktverlauf in den Herbstmonaten erreicht werden konnte. In diese Keller und Scheunen, die frostsicher sein müssen, werden die Äpfel, so wie sie vom Felde kommen, gebracht und nach etwa 14 Tagen soll die Temperatur möglichst auf 3—4° bei 90 % relativer Luftfeuchtigkeit herabgesetzt werden. Wenn warme Witterung im Herbst herrscht, ist das meistens nicht möglich, und es treten bei höheren Außen- und Innentemperaturen Gewichtsverluste, aber auch Verluste durch das Schlechtwerden einzelner Äpfel mit ein. Sortenmäßig ergeben sich natürlich erhebliche Unterschiede hinsichtlich der Behandlung beim Lagern als auch in bezug auf die zeitliche Dauer der Einlagerung. Die Zeit des Überangebotes im Oktober kann dann genau so überbrückt werden wie die Überschwemmung des Marktes mit Apfelsinen zur Weihnachtszeit.

Der eigentliche Markt für das Obstbaugebiet an der Elbe ist nämlich immer noch Hamburg. Gewiß kommen die Händler und kaufen das Obst im großen auf und verschicken ganze Lastzüge weit über das Hamburger Absatzgebiet hinaus; häufig wird aber auch nur die Ware in Kommission genommen und auf dem Hamburger Obst- und Gemüsemarkt angeboten, auf demselben Markt, auf den die Südfrüchte vom Hafen her gelangen, durch die dann das allgemeine Preisniveau gedrückt wird. Bedingt durch die Nähe Hamburgs, dürfte es auch kaum zur Entwicklung eines gebietseigenen Marktes kommen, wie solche im südbadischen Obstbaugebiet, aber auch in Holland in der Sonderform der Veilinge vorhanden sind. Die allgemeine Marktentwicklung geht dahin, daß qualitativ hochwertige, abgepackte Ware gut verkäuflich ist. Die aussortierten Äpfel gelangen als Industrieobst z. T. in die Mostereien.

Es wird heute schon vielfach über Absatzschwierigkeiten geklagt. Wenn man aber den durchschnittlichen Verbrauch an Äpfeln pro Kopf der Bevölkerung in den USA (31 kg) mit demjenigen in Deutschland (14,2 kg) (nach Hilkenbäumer L. 70, S. 3) vergleicht, so sieht man, daß bei einer zweckentsprechenden Beschickung des Marktes doch noch eine Steigerung des Verbrauches möglich ist. Allerdings muß dabei auch erwähnt werden, daß sich die Apfelsinenerzeugung in den USA von 1919 bis 1951 verfünffacht hat, während sich die Apfelerträge noch nicht einmal verdoppeln konnten („Obst und Gemüse" 1952, S. 483) und sich der Bestand an Apfelbäumen in den USA heute laufend jährlich um etwa 2 % erniedrigt („Obst und Gemüse", S. 154). Diese Entwicklung darf bestimmt nicht übersehen werden, zumal heute in den Mittelmeerländern, vor allem in Spanien, eine Ausweitung der Agrumenkulturen erfolgt. Man muß nämlich immer bedenken, daß die Anlage einer Obstplantage letzten Endes eine Planung auf sehr lange Sicht bedeutet. Wenn aber der Anbau dahingehend noch intensiviert wird, daß eine Normierung auf wenige gute und ertragreiche Sorten erfolgt und die geernteten Früchte dann noch in hervorragender Qualität und Sortierung in großer Menge angeboten werden können, so dürfte die Gefahr einer

Absatzkrise vorerst noch nicht gegeben sein. Diese Forderungen können niemals von Kleinstbetrieben erfüllt werden, sondern lassen sich nur durch einen kapital- und arbeitsintensiven Plantagenobstbau erreichen, wobei hinsichtlich der Intensitätsstufen Anforderungen zu stellen sind, wie sie in Holland und Dänemark schon in Anlagen mit Erträgen von 25 000 bis 40 000 kg pro ha an hochwertigstem Obst verwirklicht worden sind.

Die natürlichen Voraussetzungen sind für diese Entwicklung in den Elbmarschen zweifellos gegeben. Zumindest wurden in den meisten Fällen die für den Obstbau günstigsten Standorte für die Anlage der Obstkulturen herangezogen. Auch die notwendige Größe ist in den meisten Fällen gewährleistet, wobei außerdem noch zu bemerken wäre, daß die Plantagen durchweg so gelegen sind, daß selbst bei schlechter Herbstwitterung keine Verkehrsprobleme hinsichtlich der Fortschaffung der Ernte auftreten. Die auf Grund der Besitzverhältnisse nicht verkehrsorientiert an den Straßen angelegten Plantagen bedürfen unter Zusammenschluß gleichartiger Interessen einer Lösung dieser Fragen. Aber selbst bei Außerachtlassung dieses Problems muß gesagt werden, daß es noch einer umfassenden Kleinarbeit bedarf, bis das rechtselbische Obstbaugebiet einen wichtigen und gesicherten Platz in der Obstversorgung des näheren und weiteren Gebietes erworben hat. Ob dieses Ziel im Rahmen einer reinen Obstbauwirtschaft oder durch einen Obstbau als Teilbetriebszweig bäuerlicher Betriebe erreicht wird, ist letzten Endes gleichgültig. Erreichen lassen wird sich das Ziel nur durch eine fortlaufende Intensivierungsarbeit.

D. ZUSAMMENFASSENDE BEURTEILUNG DER ERHEBUNGEN

Obstbauliche Praxis und Forschung auf obstbaulichem Gebiet sind bei der Gleichartigkeit des Objekts grundverschieden voneinander. Für die Praxis ist zu jeder Zeit die Gesamtheit aller Fragen von Interesse; die Forschung hat, je nachdem von welcher Seite sie angestellt wird, nur einen bestimmten Fragenkreis im Auge. In der vorliegenden Arbeit liegt nun noch insofern ein Sonderfall vor, als sie im Rahmen einer länderkundlichen Intensivforschung angestellt wurde. Das Forschungsobjekt war die Landschaft, und der in der Entwicklung begriffene Wirtschaftszweig des Obstbaues stellt dazu arbeitsmäßig ein Bezugssystem dar, durch das die Grundlagenforschung eingeengt wurde.

Klima und Boden sind die Faktoren, die die Eignung eines Raumes für eine Sonderkultur, in diesem Falle für den Obstbau, bestimmen. Der Mensch als Erzeuger und Verbraucher entscheidet aber dann nachher ebensosehr über den endgültigen Erfolg wie die natürlichen Anbaumöglichkeiten. Über den Rahmen der allgemeinen Fragen des Obstbaues hinweg traten in dieser Arbeit die raummäßigen Zusammenhänge in den Vordergrund, und es konnte nicht die Aufgabe sein, den Wert der einzelnen Obstplantagen gegeneinander abzuwägen.

Wurden die an der Elbe gelegenen Gebiete auf Grund ihrer klimatischen und bodenkundlichen Gegebenheiten als bevorzugt geeignet für den Obstbau angesprochen, so sei aber an dieser Stelle nochmals mit allem Nachdruck darauf hingewiesen, daß es letzten Endes auch in starkem Maße von der menschlichen Pflegearbeit abhängt, in welchem Zustand sich eine Anlage befindet, und daß sich durch geeignete Maßnahmen die örtlichen Verhältnisse weitgehend verbessern lassen. Besonders frostgefährdete Gebiete benötigen dabei die Erforschung zweckmäßiger Frostschutzverfahren. Nach den vorliegenden Erhebungen würde eine zeitweise Überflutung eine wenig kostspielige als auch einfache Methode sein; leider läßt sich aber bei der hohen Lage der Obstbaugebiete dieses Verfahren nur in den seltensten Fällen anwenden. Versuche auf dem Gebiet der Frostabwehr werden in den kommenden Jahren ebenso notwendig sein, wie bei weiterer Intensivierung und Ertragssteigerung den Fragen der geregelten Wasserversorgung der Obstbäume von Seiten der Praxis nachgegangen werden muß. Dabei wird gerade von dieser Seite auch immer wieder die Frage nach den weiteren Ausweitungsmöglichkeiten aufgeworfen. Bei einer Berücksichtigung der natürlichen Grundlagen ist gegen eine gesunde Weiterentwicklung so lange nichts einzuwenden, wie durch eine Betonung der Qualität unter gleichzeitiger Ausrichtung der Produktion auf sortengleiche Quantitäten eine geregelte Nachfrage gesichert wird.

Die Frage, welches Gebiet an der Unterelbe für den Obstbau am besten geeignet ist, konnte nicht entschieden werden und war auch nicht Aufgabe der Erhebungen. Der Wert der vorliegenden Arbeit dürfte aber darin liegen, daß an dem Beispiel der Haseldorfer und Seestermüher Marsch einmal die Probleme und Methoden einer Bearbeitung aufgezeigt worden sind, so daß, von den vorliegenden Ergebnissen ausgehend, eine vergleichende Beurteilung aller Marschgebiete an der Niederelbe in ihrer Eignung für den Obstanbau vorgenommen werden kann.

Tabellarische Übersicht über den Gang der Bodenfeuchte im Jahre 1951

	21. 4. 51	28. 4. 51	5. 5. 51	19. 5. 51	3. 6. 51	16. 6. 51	30. 6. 51	14. 7. 51	29. 7. 51	11. 8. 51	25. 8. 51	8. 9. 51	22. 9. 51	6. 10. 51	21. 10. 51	3. 11. 51	18. 11. 51	1. 12. 51	15. 12. 51	31. 12. 51
Obstgarten																				
0—10	45.2	40.8	44.9	32.3	41.6	38.3	37.3	42.3	37.7	37.3	36.4	45.1	37.5	41.8	30.6	39.5	40.2	46.7	46.2	43.3
10—20	25.4	35.3	19.9	21.8	26.2	26.5	25.6	27.2	20.0	24.2	19.0	30.1	25.0	26.1	20.9	29.6	26.3	34.2	25.1	23.1
20—30	23.3	25.4	19.9	17.5	23.7	19.3	16.5	21.5	14.6	17.5	14.8	18.2	19.1	17.7	15.4	23.3	20.2	23.5	21.3	19.7
30—40	22.6	20.8	17.8	17.7	17.7	18.2	15.7	18.2	15.2	15.6	15.2	15.7	15.0	15.8	16.5	15.1	19.3	20.5	21.0	18.5
40—50	23.9	24.6	21.9	17.9	17.7	20.4	16.9	17.9	15.9	14.6	15.9	12.3	13.3	14.1	16.2	15.9	18.0	—	22.7	19.4
50—60	24.3	26.2	22.1	20.3	18.7	18.8	17.1	17.9	16.1	15.4	—	16.1	13.4	15.2	16.6	17.5	16.5	20.9	24.6	21.0
60—70	24.6	24.2	23.4	21.4	19.8	18.5	17.1	18.6	17.6	16.2	19.2	17.5	12.2	15.7	17.2	18.2	17.6	20.6	22.5	21.5
70—80	29.2	25.3	26.7	23.3	21.2	17.7	18.3	20.6	13.3	16.9	24.0	18.6	15.5	16.4	19.4	22.7	20.1	18.5	26.0	22.2
80—90	31.4	28.7	29.4	23.7	26.1	22.7	19.9	21.3	20.8	18.2	24.4	20.9	18.4	16.9	22.6	25.1	24.3	22.0	28.6	24.2
90—100	33.0	31.4	32.4	—	26.0	25.6	22.4	23.8	—	22.1	—	24.6	21.8	21.1	20.7	26.2	24.6	22.6	25.7	26.7
Feldvergleichsfläche																				
0—10	28.3	25.1	27.7	22.4	20.3	26.2	25.5	34.0	22.0	22.1	25.8	34.0	25.6	19.3	21.8	33.4	31.8	22.9	32.0	31.1
10—20	30.0	28.3	27.9	26.2	25.4	25.5	28.5	25.2	27.7	25.9	25.6	34.2	29.6	26.3	23.0	24.2	27.5	27.4	32.3	28.5
20—30	27.0	25.2	26.8	22.0	21.2	25.2	24.3	24.8	23.4	20.7	26.6	33.5	26.5	24.1	22.9	21.8	24.1	27.3	26.6	25.1
30—40	27.6	28.2	31.1	21.4	23.7	21.4	24.8	25.5	23.0	18.7	25.6	28.6	23.3	22.7	23.5	22.0	26.8	25.1	25.6	27.3
40—50	34.5	34.3	32.6	21.3	26.0	23.3	23.2	24.1	25.7	19.0	24.0	26.8	22.2	25.6	28.8	25.5	28.7	24.0	30.2	31.9
50—60	34.1	37.2	36.2	22.8	29.0	26.8	27.7	28.5	29.2	23.8	24.7	26.0	27.4	30.2	31.5	29.2	32.4	36.1	36.0	35.8
60—70	39.3	34.3	39.4	28.1	30.2	31.3	30.4	34.0	31.7	27.9	25.8	29.3	27.9	32.9	34.6	31.5	36.0	40.5	41.4	42.9
70—80	33.3	43.1	—	32.4	33.3	32.5	38.5	35.3	47.7	32.5	31.9	32.7	31.5	35.2	35.7	35.2	38.7	42.0	—	—
80—90	35.7	39.1	—	37.0	38.2	38.1	39.7	37.4	48.9	33.4	32.6	35.4	34.4	40.4	37.4	36.9	39.3	44.3	—	—
90—100	35.7	42.2	—	42.0	39.9	41.5	43.3	40.7	—	—	—	35.1	40.2	40.6	40.2	40.5	42.3	46.9	—	—

Tabellarische Übersicht über den Gang der Bodenfeuchte im Jahre 1952

	9. 2. 52	23. 2. 52	8. 3. 52	22. 3. 52	5. 4. 52	19. 4. 52	3. 5. 52	17. 5. 52	31. 5. 52	7. 6. 52	14. 6. 52	29. 6. 52	12. 7. 52	26. 7. 52	9. 8. 52	23. 8. 52	6. 9. 52	20. 9. 52	4. 10. 52	18. 10. 52	4. 11. 52
Obstgarten																					
0—10	43.1	44.5	44.4	50.4	50.7	34.8	27.4	42.7	28.4	37.1	40.2	28.7	27.3	28.5	44.7	38.7	46.4	42.4	45.6	47.9	51.6
10—20	25.7	24.8	24.2	29.7	32.4	22.0	18.6	20.7	17.5	22.8	19.5	17.8	15.2	20.7	27.9	29.1	26.2	27.6	23.8	34,2	37.5
20—30	20.9	20.2	19.8	21.6	21.3	18.8	16.5	17.4	14.0	15.9	14.7	18.2	12.5	14.7	15.9	20.7	24.0	18.1	21.5	27.4	30.6
30—40	19.2	18.4	19.0	19.8	20.1	18.1	17.7	17.7	13.7	13.5	13.8	18.8	12.9	13.0	12.3	16.7	18.2	17.9	19.4	28.2	22.1
40—50	19.5	19.4	19.5	20.7	20.5	18.9	19.2	18.2	15.8	14.4	15.4	19.4	14.3	14.0	13.9	18.5	18.2	17.3	18.1	23.6	22.0
50—60	20.4	21.0	19.8	21.4	21.4	19.7	19.8	19.1	16.6	15.9	17.4	19.8	15.4	14.2	14.7	15.6	19.7	18.3	17.8	23.1	22.6
60—70	20.7	22.1	21.4	23.2	22.7	21.0	21.1	20.8	18.2	17.0	18.5	23.5	16.2	15.3	15.7	18.9	19.4	19.1	18.9	23.8	23.6
70—80	21.6	22.7	22.0	28.6	26.7	22.8	21.9	22.9	18.8	17.0	19.2	26.5	16.7	16.6	16.6	20.3	21.1	19.7	20.9	27.8	28.0
80—90	23.5	27.9	25.0	30.6	29.6	28.1	25.4	27.7	19.7	19.1	22.8	26.6	19.1	17.6	18.0	20.9	21.1	21.2	24.3	30.1	32.1
90—100	27.5	28.0	28.1	—	31.9	28.0	27.2	27.7	23.9	21.4	24.0	28.1	19.9	21.2	21.4	22.4	22.2	24.6	25.4	—	31.6
Feldvergleichsfläche																					
0—10	33.3	32.8	31.3	33.7	28.6	28.1	26.2	24.9	27.7	27.2	33.1	24.9	18.1	19.0	27.6	28.4	29.6	35.6	36.0	—	34.6
10—20	28.9	30.0	30.0	30.1	30.9	30.0	26.6	28.6	27.3	25.6	28.9	25.0	23.9	25.1	25.4	24.9	30.6	29.3	31.0	—	26.3
20—30	26.5	26.2	26.0	30.4	25.1	25.2	22.7	26.4	22.6	23.0	24.7	27.2	20.6	20.7	20.9	22.7	23.8	27.4	26.4	—	23.3
30—40	26.7	24.7	24.4	30.7	25.8	23.4	23.2	24.2	26.6	23.8	24.2	24.7	22.5	20.5	25.4	23.1	26.4	31.0	27.7	—	27.9
40—50	37.2	24.6	24.9	25.3	33.3	26.2	24.8	29.0	27.3	27.3	27.0	29.5	27.8	23.0	24.8	26.4	29.5	33.2	33.5	—	29.3
50—60	40.8	31.0	33.5	31.6	35.9	29.4	28.6	30.1	29.3	29.4	30.5	29.6	31.3	30.2	22.8	28.4	33.7	41.9	37.5	—	35.4
60—70	45.8	33.3	30.5	32.6	34.2	31.0	32.1	35.0	32.9	35.0	33.4	32.8	33.1	33.6	34.3	29.6	38.4	—	—	—	39.4
70—80	—	36.2	32.8	34.8	43.6	35.0	37.1	37.7	37.0	—	36.5	36.8	38.7	36.7	36.1	33.3	40.4	—	—	—	—
80—90	—	37.1	37.5	38.5	42.9	37.7	39.4	40.5	37.0	—	43.0	37.8	—	—	39.0	42.5	42.9	—	—	—	—
90—100	—	40.1	41.2	42.7	49.1	42.0	39.3	40.4	39.1	—	47.7	41.8	—	—	41.3	—	41.4	—	—	—	—

Literaturverzeichnis.

Die mit einem L. versehenen, in den Text eingefügten Nummern beziehen sich auf die vor den Literaturangaben stehenden fortlaufenden Zahlen.

1 Aichele, H.: Frostgefährdete Gebiete in der Baar, eine kleinklimatische Geländekartierung. Erdkunde Bd. V (1951) S. 70—73.

2 Aichele, H.: Untersuchungen über die Frostschutzwirkung eines Kalkanstriches an Obstbäumen. Ber. d. Dtsch. Wetterdienstes in der US-Zone Nr. 32, S. 70—73.

3 Albrecht, F.: Die Weiterentwicklung der Meßtechnik des Wassergehaltes des Bodens auf thermischer Grundlage. Arch. f. Meteorol., Geophys. u. Bioklimatologie. Serie B. Bd. 1 (1949) S. 149—155.

4 Appel: Die Arbeit der Biologischen Reichsanstalt im unterelbischen Obstbaugebiet. Arbeiten aus der Biol. Reichsanstalt für Land- u. Forstwissenschaft. Bd. 17 (1929), H. 5.

5 Atanasiu, N.: Die Wasserversorgung unserer Kulturpflanzen in Abhängigkeit vom Klima und Boden. Ber. d. Dtsch. Wetterdienstes in der US-Zone Nr. 32, S. 9—13.

6 Baier, W.: Elektrische Methoden zur Messung der Bodenfeuchte. Ber. d. Dtsch. Wetterdienstes in der US-Zone Nr. 32, S. 18—22.

7 Baier, W.: Ergebnisse von Bodenfeuchteuntersuchungen in Stuttgart-Hohenheim. Ber. d. Dtsch. Wetterdienstes in der US-Zone Nr. 37.

8 Baumann, H.: Zur Kenntnis des Wasserhaushalts eines lehmigen Sandbodens bei künstlicher und natürlicher Beregnung. Ztschr. f. Pflanzenernährung, Düngung, Bodenkunde. 38 (1947) S. 150—165, 43 (1949) S. 28—36.

9 Baumann, H.: Die Bodenfeuchtebestimmungen und ihre Auswertung für die Landwirtschaft. Ber. d. Dtsch. Wetterdienstes in der US-Zone Nr. 32, S. 4—8.

10 Becken, F. W.: Sturmfluten und Regenmengen in Cuxhaven. Annalen der Meteorologie (1949) S. 51—53.

11 Bender, K.: Die Frühjahrsfröste an der Unterelbe und ihre Bekämpfung. Ztschr. f. angew. Meteorologie 56 (1939) S. 273—289.

12 Bender, K.: Die Frühjahrsfröste im Unterelbebezirk und ihre Bekämpfung. Ztschr. f. angew. Meteorologie (1932) S. 39—51.

13 Berg, H. und Metzler, H. K.: Temperaturmeßfahrten durch das Gebiet der Stadt Hannover. Bioklim. Beibl. 1 (1934) S. 111.

14 Berg, H.: Kleinmeteorologische Messungen im Hohen Venn. Ztschr. f. Meteorologie (1951) S. 229—235.

15 Berger-Landefeldt, M.: Zum Wasserverbrauch von Pflanzenbeständen. Forschungen u. Fortschritte (1949) S. 82—84.

16 Biehl, M.: Marktnähe gegen Klimavorteil. Ztschr. f. Geopolitik XXIII. Jhrg. (1952) S. 82—88.

17 Bouyoucos, G. J.: Nylon electrical resistance unit for continous measurement of soil moisture in the field. Soil Science 67 No. 4 (1949) S. 319—330.

18 Breuer, W.: Frostschäden im Obstbau. Ber. d. Dtsch. Wetterdienstes in der US-Zone Nr. 32, S. 74—77.

19 Brick, C.: Gemüse- und Obstbau im Hamburger Marschgebiet. Hamburg 1907.

20 von Bülow, K.: Deutschlands Wald- und Ackerboden. Deutscher Boden Bd. VII. Berlin 1936.

21 Carl, A.: Verbesserung des bodennahen Klimas und Frostschutz durch Beregnung. Ber. d. Dtsch. Wetterdienstes in der US-Zone Nr. 32, S. 78—82.

22 Clausen: Obsterträge und Standortklima. Mitt. d. Dtsch. Landw. Ges. (1932) S. 287.

23 Credner, W.: Über Kartierung landwirtschaftlicher Nutzflächen. Ztschr. f. Erdk. (1938) S. 229—236.

24 Czepa, O.: Über die nächtliche Abkühlung der Erdoberfläche und der bodennahen Luftschicht. Ztschr. f. Meteorologie (1950) S. 359—362.

25 Dammann, W.: Zur Physiognomie der Niederschläge in Nordwestdeutschland. Göttinger Geogr. Abh. Heft 1 (1948), Meinardus-Festschrift, Gött. 1947.

26 Dammann, W.: Klimatologie der Nordseeküste unter dem Gesichtspunkt der Berücksichtigung verschiedener Witterungsabschnitte. Medizin.-meteorolog. Hefte Nr. 1 (1949) S. 13—18.

27 Dammann, W.: Die Bearbeitung des Klimaabschnittes in den Kreisbeschreibungen. Ber. z. Dtsch. Landeskunde Bd. 9 (1951) S. 406—411.

28 Dammann, W.: Zur Festlegung der Klimabereiche. Ber. d. Dtsch. Wetterdienstes in der US-Zone Nr. 38, S. 137—138.

29 Deters, H.: Mikroklimatologische Studien um Göttingen und Papenburg. Göttinger Geogr. Abh. Heft 6 (1951).
30 Detlefsen, D.: Geschichte der holsteinischen Elbmarschen. 2 Bände. Glückstadt 1891.
31 Diem, M.: Messungen der Feuchtigkeit in der bodennahen Schicht. Ber. d. Dtsch. Wetterdienstes in der US-Zone Nr. 12, S. 266.
32 Diener, O. H.: Zur Methodik der statistisch-karthographischen Agrargeographie. Fortschr. d. Landwirtsch. (1930) S. 6—9.
33 Ehrenberg, P.: Die vermutlichen Ursachen der Schwierigkeiten des Obstbaues im „Alten Land". Ztschr. f. Pflanzenern., Düngung u. Bodenkunde. (1928) Teil B. S. 264.
34 Eichhorn, A.: Entwurf einer Sonnenscheindauerkarte für Deutschland. Pet. Mitt. 1903 S. 102—109.
35 van Eimern, J.: Kleinklimatische Geländeaufnahmen in Quickborn/Holstein. Ann. d. Meteorol. (1951) S. 259—268.
35a van Eimern, J. und Kaps, E.: Die Niederschlagsverhältnisse in Geest und Marsch zwischen Luhe und Lühe. Mitt. d. Obstbauversuchsanstalt Jork 7. Jhrg. (1952) Nr. 12.
35b Ellenberg, H.: Beurteilung der Bodenfeuchte mit Hilfe von Pflanzengesellschaften. Ber. d. Dtsch. Wetterdienstes in der US-Zone Nr. 32, S. 13.
36 Falckenberg, G.: Muldenfrost und Frostflächen in Waldlichtungen Meteorol. Ztschr. 48 (1931) S. 22—25.
37 Falckenberg, G.: Der nächtliche Wärmehaushalt bodennaher Luftschichten. Meteorol. Ztschr. 49 (1932) S. 369—371.
38 Faust, R.: Ein Hilfsmittel zur Nachtfrostvorhersage. Ann. der Meteorol. (1949) S. 105—111.
39 Fick, K. E.: Buxtehude. Hamburger Geogr. Studien Heft 1, 1952.
40 Flohn, H.: Witterung und Klima in Deutschland. Forsch. zur Dtsch. Landeskunde Bd. 41 (1942).
41 Flohn, H.: Zur Klimakunde Deutschlands. Ber. zur Dtsch. Landeskunde (1941/42) S. 198—203.
42 Flohn, H.: Neue Wege in der Klimatologie, Ztschr. f. Erdk. IV (1936) S. 12—21 und S. 337—345.
43 Geiger, R.: Das Mikroklima und seine Bedeutung für die belebte Natur. Ztschr. f. angew. Meteorol. (1931) S. 137—146.
44 Geiger, R.: Gibt es eine Lufttemperatur der bodennahen Luftschicht. Biokl. Beibl. (1934) S. 115.
45 Geiger, R.: Das Klima der bodennahen Luftschicht. Braunschweig 1950.
46 Geiger, R.: Der künstliche Windschutz als meteorologisches Problem. Erdk. Bd. 5 (1951) S. 106—114.
47 Geiger, R. und Schmidt, W.: Einheitliche Bezeichnung in kleinklimatischer und mikroklimatischer Forschung. Biokl. Beibl. (1934) S. 153—156.
48 Geiger, R.: Über selbständige und unselbständige Mikroklimate. Meteorol. Ztschr. (1929) S. 539—544.
49 Giesecke, F.: Bodenbeurteilung und Probeentnahme an Ort und Stelle. Handbuch der Bodenkunde Bd. V. S. 190—227. Herausgegeben von E. Blanck. Berlin 1930.
50 Gliemeroth, G.: Beziehungen zwischen Struktur auf Lehm- und Lößboden und ihre Bewertung bei der Bearbeitung. Ztschr. f. Acker- und Pflanzenbau 93 (1951) S. 319—337.
51 Gliemeroth, G.: Der Einfluß der Düngung auf den Wasserentzug der Pflanzen aus den Unterbodentiefen. Ztschr. f. Pflanzenernährung, Düngung und Bodenkunde 52 (1951) S. 21 u. S. 41 Nr. 52.
52 Göhrke, K.: Der Wasserhaushalt im Boden. Ztschr. f. Meteorologie (1949) S. 13 u. S. 127.
53 Gripp, K.: Entstehung und künftige Entwicklung der Deutschen Bucht. Arch. Seewarte 63 (1944) Nr. 2.
54 Grunow, J.: Über den Einfluß großer Wasserläufe auf das Klima der Uferzonen. Ber. über die Tätigk. d. Preuß. Meteorol. Inst. im Jahre 1932. (1933) S. 72—94.
55 Hagemann, E.: Bodenfrostgefährdung im Mai. Ceres (1948) Lfg. 2/4 S. 24—26.
56 Hagemann, E. und Voigts, H.: Bioklimatischer Atlas für Schleswig-Holstein, Lübeck 1948.
57 Hambruch, P.: Landeskunde von Schleswig-Holstein, Leipzig 1912.
58 Hambruch, P.: Die Eisverhältnisse auf d. Unterelbe. Hamburg.
59 Haude, W.: Verdunstung und Wasseranspruch von Kulturpflanzen. Ann. d. Meteorologie (1948) S. 283—288.
60 Haude, W.: Zur Abschätzung des Wasserhaushaltes bei agrarmeteorologischen Untersuchungen. Ann. d. Meteorologie (1951) S. 139—150.

61 Haude, W.: Die Abhängigkeit des Ernteertrages vom Wetter als Grundlage landwirtschaftlicher Klimadarstellung. Ann. d. Meteorol. (1948) S. 128—138.
62 Haude, W.: Über Wetter und Witterung in ihrem Einfluß auf den Gewichtsertrag von Feldkulturen. Ann. d. Meteorologie. (1949) S. 165—182.
63 Heck, H. L.: Grundwasseratlas von Schleswig-Holstein. Hamburg 1948.
64 Helbig, M.: Die Verdunstung des Wassers aus dem Boden. Handbuch der Bodenkunde Bd. VI S. 221—252. Herausgegeben von E. Blanck, Berlin 1930.
65 Hellmann, G.: Sind die Gewitter an der deutschen Nordseeküste von den Gezeiten abhängig? Meteorol. Ztschr. 16 (1899) S. 85—86.
66 Hellmann, G.: Klimaatlas von Deutschland. Berlin 1921.
67 Hess, P. und Brezowsky, H.: Katalog der Großwetterlagen Europas. Ber. d. Dtsch. Wetterdienstes in d. US-Zone Nr. 33.
68 Hettner, A.: Über die Bedeutung der Klimatologie. Geogr. Ztschr. 47 (1941) S. 221—225.
69 Hettner, A.: Die Wege der Klimaforschung. Geogr. Ztschr. 30 (1924) S. 117—120.
70 Hilkenbäumer, F.: Obstbau. Grundlagen, Anbau und Betrieb. Berlin u. Hamburg 1948.
71 Hilkenbäumer, F. u. Hoffmann, E.: Über die Intensitätsstufen im Obstbau. Ceres (1948) Lieferung 5/6, S. 1—5.
72 Höck, F.: Klima und Obstbau in Deutschland. Peterm. Mitt. (1909) S. 363—364.
73 Hummel, F.: Mietenklima und Windeinfluß. Ber. d. Dtsch. Wetterdienstes in d. US-Zone Nr. 32, S. 44—47.
74 Ihne, E.: Phänologische Karte des Frühlingseinzugs in Mitteleuropa. Peterm. Mitt. (1905) S. 97—108.
75 Jungclaus, F. R.: Die Entstehung der Marschen an der Niederelbe, insbesondere des Landes Kehdingen. Stader Arch. Neue Folge Nr. 10, Stade 1920.
76 Kaempfert, W., u. Kessler, O.: Die Frostschadenverhütung. Reichsamt f. Wetterdienst. W. Abt. Bd. VI Nr. 2 (1940).
77 Kaempfert, W.: Zur Phänometrie. Wetter u. Klima (1948) S. 40—52.
78 Kaempfert, W.: Taupunkt, Trübungsfaktor und Nachtfrost. Ztschr. f. Meteorol. (1947) S. 74—76.
79 Kappen, H.: Bodenazidität und Fruchtbarkeitszustand. Handbuch der Bodenkunde Bd. VIII S. 317—420. Herausgegeben v. E. Blanck, Berlin 1931.
80 Karnatz, H.: Die Bedeutung des Windschutzes für den Obstbau. Ceres (1948) Heft 11 S. 7—8.
81 Keller, K.: Der Arbeitsaufwand im Obst- und Gemüsebau. Ceres (1949) Heft 2 S. 16.
82 Kemmer, E.: Die Bedeutung des Standortes im Obstbau unter besonderer Berücksichtigung des Standortklimas. Landwirt. Jhrb. (1931) S. 431.
83 Keudel, J.: Die Bedeutung der Veiling als Mittel zur Rationalisierung des Absatzes landwirtschaftlicher Erzeugnisse. Landwirt. Jhrb. (1931) S. 841.
84 Klöppen, R.: Boden und bäuerliches Sozialgefüge. Peterm. Mitt. (1949) S. 49—66.
85 Knoch, K.: Die Geländeklimatologie, ein wichtiger Zweig der angewandten Klimatologie. Ber. z. Dtsch. Landeskunde Bd. 7 (1949/50) S. 115—123.
86 Knoch, K.: Plan einer Landesklimaaufnahme. Ber. d. Dtsch. Wetterdienstes in d. US-Zone Nr. 32 S. 106—108.
87 Koch, E.: Neuere Arbeiten über den Untergrund von Hamburg und Umgebung und ihre Bedeutung für die Hydrologie dieses Gebietes. Hamburg 1922.
88 Koch, E.: Die Grundwasserträger des Niederelbegebietes. München 1928.
89 Koch, H. G.: Die Saaletalnebel. Meteorol. Ztschr. (1935) S. 10—15.
90 Koch, H. G.: Über den Temperaturverlauf bei Saaletalnebel. Ztschr. f. Meteorol. (1947) S. 122—128 u. S. 224.
91 Kotte, W.: Krankheiten und Schädlinge im Obstbau. 2. Aufl. Berlin u. Hamburg 1948.
92 Kotte, W.: Spritzmittelschäden im Obstbau. Gartenbauwissenschaft (1931) S. 525.
93 Kratzer, A.: Das Klima der Städte. Geogr. Ztschr. (1935) S. 321—339.
94 Kreutz, W.: Beitrag zur Erforschung des Boden- und bodennahen Klimas im Emslandmoor. Journ. f. Landw. 89 (1943) S. 81—112.
95 Kreutz, W.: Neuere Erkenntnisse auf dem Gebiet des Windschutzes. Ber. d. Dtsch. Wetterdienstes in d. US-Zone Nr. 32 S. 59—67.
96 Kreutz, W.: Mietenklimaforschung und ihre praktische Bedeutung. Ber. d. Dtsch. Wetterdienstes in d. US-Zone Nr. 32 S. 48—52.
97 Kreutz, W.: Das Windschutzproblem. Biokl. Beibl. (1938) S. 10—16.
98 Kreutz, W.: Spezielle agrarmeteorologische Aufgaben des Versuchsfeldes Heidelberg-Grenzhof und ihre praktische Zielsetzung. Ber. d. Dtsch. Wetterdienstes in d. US-Zone Nr. 12 S. 202—209.

99 Kreutz, W.: Windeinfluß auf Böden mit verschiedener Wassersättigung. Biokl. Beibl. (1937) S. 11—18.

100 Krische, P.: Die optimale Wasserversorgung der landwirtschaftlichen Kulturpflanzen. Die dtsch. Landwirtschaft (1947) S. 5—6 u. S. 25—29.

101 Krische, P.: Bodenkarten und andere karthographische Darstellungen der Faktoren der landwirtschaftlichen Produktion verschiedener Länder. Berlin 1928.

102 Krische, P.: Mensch und Scholle. Kartenwerk zur Geographie des Kulturbodens. Berlin 1936.

103 Laatsch, W.: Die Bildung der Humusstoffe. Forschungen u. Fortschritte (1947) S. 84—86.

104 Lammert, W.: Beispiel einer extremen Strahlungskälte. Ztschr. f. Meteorol. (1947) S. 145—146.

105 Lappenberg, M. J.: Die Elbkarte des Melchior Lorichs vom Jahre 1568. Hamburg 1847.

106 Lautensach, H.: Klimakunde als Zweig länderkundlicher Forschung, Geogr. Ztschr. 46 (1940) S. 393—408.

107 Lehmann, P.: Gewässereinfluß auf die Umgebung. Ber. d. landwirtsch. Forschungsanstalt d. Generalgouvernement Pulaway 2 (1943) S. 90—103.

108 Lehmann, P.: Eingriffe in den Wärmehaushalt oberirdischer Pflanzenorgane. Ber. d. Dtsch. Wetterdienstes in d. US-Zone Nr. 32 S. 67—70.

109 Lehmann, S.: Allgemeiner Kreisführer von Schleswig-Holstein Nr. 1 Kreis Pinneberg. Hamburg-Blankenese 1949.

110 Linke, F.: Eine transportable Thermometerhütte für lokalklimatische und mikroklimatische Untersuchungen. Biokl. Beibl. (1938) S. 110.

111 Linskens, H.: Niederschlagsverteilung unter einem Apfelbaum. Ann. der Meteorol. (1952) S. 30—34.

112 Loewel, E. L.: Die Auswirkung der Kupferschäden zu den einzelnen Spritzzeiten. Ztschr. f. Pflanzenkrankh. und Pflanzenschutz. 44 (1934) S. 71—76.

113 Loewel, E. L.: Das Auftreten des Fusicladiums im Altländer Obstbaugebiet in seiner Abhängigkeit vom Klima, Standort, Obstgarten und -sorten und seine praktische Bekämpfung auf Grund zweijähriger Versuche des Obstbauversuchsringes. Angew. Botanik 14 (1932) S. 233—277 u. S. 281—333.

114 Loewel, E. L.: Der augenblickliche Stand der Mittelfrage in der Fusicladiumbekämpfung im niederelbischen Obstbaugebiet. Gartenbauwissensch. (1934) S. 125.

115 Loewel, E. L.: Fünfjährige Obstbauversuchsringarbeit im Alten Lande. Gartenbauwissensch. (1934) S. 581.

115a Loewel, E. L.: Das Frühjahr 1952 und die Frostschäden im Niederelbegebiet. Sonderdruck aus d. Mitt. d. Obstbauversuchsringes des Alten Landes Nr. 6 (1952).

115b Lowel, E. L.: Fruchtschäden im niederelbischen Obstbaugebiet und deren Ursachen. Sonderdr. aus d. Mitt. d. Obstbauversuchringes d. Alten Landes. Nr. 7/8 (1952).

115c Löhden, A.: Einige Zahlen zur Entwicklung der Obsternte in Westdeutschland. Mitt. d. Obstbauversuchsringes d. Alten Landes. Nr. 12 (1952).

116 Luckau, J.: Winterfrostschäden an Obstbäumen. Berlin 1941.

117 Lundegardh, H.: Höhere Pflanzen in ihrer Einwirkung auf den Boden. Handbuch d. Bodenkunde Bd. VII S. 336—380. Herausgegeben v. E. Blanck, Berlin 1931.

118 Lundegardh, H.: Klima und Boden in ihrer Wirkung auf das Pflanzenleben. Jena 1949.

119 Mäde, A.: Agrarmeteorologie und Pflanzenschutz. Zeitfragen des Pflanzenschutzes. S. 37—47. Herausgegeben v. K. Snell. Berlin 1949.

120 Mäde, A.: Ein Beitrag zum Mikroklima eines Obstbaumes. Gartenbauwissensch. 12 (1938) S. 127—137.

121 Mäde, A.: Temperaturuntersuchungen an Obstbäumen. Gerl. Beitr. 59 (1942). S. 201—213.

122 Malsch, W.: Vergleich von Niederschlagsmessungen mit einem freistehenden und einem in die Erde versenkten Regenmesser. Ber. d. Dtsch. Wetterdienstes in d. US-Zone Nr. 35 S. 316—320.

123 Mitscherlich, E. A.: Pflanzenphysiologische Boden- u. Klimauntersuchungen. Halle 1947.

124 Mitscherlich, E. A.: Pflanzenphysiologische Bodenkunde. Dtsch. Aka. d. Wissensch. zu Berlin. Vorträge und Schriften H. 28. Berlin 1948.

125 Mitscherlich, E. A.: Neue Erkenntnisse zur Anwendung der künstlichen Düngung. Forschungen u. Fortschritte (1947) S. 141—143.

126 Möhring: Zur Frage des stärkeren Einbaues des Obstbaues in die Landwirtschaft. Ceres (1948) Lieferung 5/6 S. 6—8. Heft 9 (1948) S. 11.

127 Nitsch, W.: Eine Schnellmethode zur Bestimmung des Wassergehaltes und zur Messung physikalischer Eigenschaften des natürlich gelagerten Bodens. Fortschr. d. Landwtsch. 2 (1927) S. 283.

128 Otremba, E.: Grundsätze der naturräumlichen Gliederung Deutschlands. Erk. Bd. II Sonderheft 1948 S. 156—167.
129 Otremba, E.: Standort und Wirtschaftsraum im wirtschaftswissenschaftlichen Schrifttum. Ber. zur Dtsch. Landesk. Bd. 5 (1948) S. 64—74.
130 Otremba, E.: Stand und Aufgaben der deutschen Agrargeographie. Ztschr. f. Erdk. (1938) S. 209—229.
131 Pauls, V.: Haseldorf im Mittelalter. Im Jahrbuch für den Kreis Pinneberg von 1917. S. 58, Elmshorn 1917.
132 Paulsen, J.: Schleswig-Holstein. 3. Aufl. Lübeck 1947.
133 Paulsen, W.: Über die Einwirkung des Baumwuchses auf das Großklima. Ann. d. Meteorol. (1951) S. 55—62.
134 Person, H.: Über elektrische Messungen der Bodenfeuchte. Ber. d. Dtsch. Wetterdienstes in d. US-Zone Nr. 32, S. 22—24.
135 Petonke, M.: Über die Entwicklung und die Aufgaben der agrarmeteorologischen Forschung. Forschungen und Fortschritte 10 (1934) S. 312.
136 Pfeifer, G., u. Schüttler, A.: Die kleinräumige Kartierung landwirtschaftlicher Nutzflächen und ihre geographische Bedeutung. Peterm. Mitt. 87 (1941) S. 153—167.
137 Pollack, H.: Über die räumliche Entwicklung der Spät- und Frühfröste in Norddeutschland in Abhängigkeit von der Wetterlage. Diss. Berlin 1930.
138 Raabe, K. H.: Die Entwicklung der landwirtschaftlichen Erzeugung in Schleswig-Holstein in den Jahren 1937—1949. Statist. Monatsh. Schl.-Holst. 2. Jhrg. Heft 3 S. 104—107.
139 Ramann, E.: Bodenkunde. Berlin 1911.
140 Reidat, R.: Der Jahresgang des Nebels in Deutschland. Ann. d. Meteorol. (1948) S. 307—312.
141 Reidat, R.: Formen des Strahlungsnebels. Ann. d. Meteorol. (1948) S. 217—220.
142 Richter, J.: Über Hamburger Winter, ihre Intensität und Reihenfolge. Ann. d. Meteorologie (1948) S. 193—198.
143 Roll, H. U.: Über die vertikale Temperaturverteilung in der wassernahen Luftschicht. Ann. d. Meteorol. (1948) S. 353—360.
144 Roll, H. U.: Über die Existenz einer laminaren Grenzschicht unmittelbar über der Meeresoberfläche. Ann. d. Meteorol. (1948). S. 206—209.
145 Roll, H. U.: Gedanken über den Zusammenhang der vertikalen Profile von Windgeschwindigkeit und Temperatur in der wassernahen Luftschicht. Ann. d. Meteorol. (1950) S. 1—9.
146 Rothe, G.: Beitrag zur Geologie der Hannoverschen Elbmarschen im Zusammenhang mit den Obstkulturen des niederelbischen Obstbaugebietes. Arbeiten aus der Biol. Reichsanst. f. Land- und Forstwissenschaft. Bd. 17 (1929) Heft 5.
147 Rothe, G.: Der Lagerschorf an Äpfeln und seine Bekämpfung. Mitt. d. Dtsch. Landw. Gesellsch. 48 (1933) S. 775.
148 Rothe, G.: Das Auftreten von Obstbaumkrankheiten an der Niederelbe in Beziehung zum Wetter des Sommers 1932. Verbandsztschr. Niederelb. Landesobstbauverb. Nr. 4 (1932).
149 Rothe, G.: Müssen die Obstanlagen in den Marschen während der Blüte bewässert werden? Verbandsztschr. Niederelb. Landesobstbauverb. Nr. 2 (1933).
150 Rothe, G.: Grundwasser und Obstbau. Obst u. Gartenbau 2 u. 3. Beil. zum Stader Tageblatt v. 12. u. 19. 1. 1932.
151 Rothe, G.: Über Bodenreaktionen in den Obsthöfen des Alten Landes. Nachrichtenblatt für den dtsch. Pflanzenschutz Nr. 3 (1928).
152 Rudloff, C. F., u. Schanderl, H.: Die Befruchtungsbiologie der Obstgewächse. Grundlagen u. Fortschritte im Garten- und Weinbau Heft 64, Stuttgart 1944.
153 Rudloff, C. F., u. Schanderl, H.: Die Befruchtungsverhältnisse bei unseren Obstgewächsen, Wiesbaden 1934.
154 Sauberer, F.: Über die Entstehung des Grasfrostes. Biokl. Beibl. (1937) S. 174—177.
155 Schlenz, P.: Frostschäden im Obstbau. Wiesbaden 1935.
156 Schluck, J.: Geologisch agronomische Karte des Elbtalrandes südlich Elmshorn nebst Erläuterungen. Jahrb. d. Pr. Geol. Landesanstalt. Berlin 1912.
157 Schmidt, W.: Über Boden- und Wassertemperaturen. Meteorol. Ztschr. 44 (1927) S. 406—411.
158 Schmidt, W.: Der Lichtgenuß unter einem Obstbaum. Messungen nach neuer Methode. Fortschr. d. Landw. 8 (1933) S. 29—31.
159 Schmidt, W.: Das Bioklima als Kleinklima und Mikroklima. Biokl. Beibl. (1934) S. 3—6.
160 Schnelle, F.: Kleinklimatische Geländeaufnahme am Beispiel der Frostschäden im Obstbau. Ber. d. Dtsch. Wetterdienstes in der US-Zone Nr. 12 S. 99—104.

161 Schnelle, F.: Phänologische Charakterisierung typischer Klimagebiete Europas. Petermanns Mitt. 91 (1945) S. 3—10.
162 Schnelle, F.: Methoden u. Möglichkeiten einer phänologischen Klimatologie. Ann. d. Meteorol. (1951) S. 97—108.
163 Schnelle, F.: Studien zur Phänologie Mitteleuropas. Ber. d. Dtsch. Wetterdienstes in der US-Zone Nr. 2.
164 Schnelle, F.: Aktuelle Probleme der Agrarmeteorologie. Ber. d. Dtsch. Wetterdienstes in der US-Zone Nr. 32 S. 85—90.
165 Schröder, H.: Erläuterungen zur geologischen Karte Blatt Uetersen. Berlin 1904.
166 Schröder H., u. Stoller, J.: Diluviale marine und Süßwasserablagerungen bei Uetersen-Schulau. Jahrb. d. Pr. Geol. Landesanstalt Bd. 27 (1906) S. 457—528.
167 Schubach, K.: Verdunstungs- und Wasserhaushaltsuntersuchungen an verschiedenen Böden. Ber. d. Dtsch. Wetterdienstes in d. US-Zone Nr. 35 S. 189—193.
168 Schubert, J.: Das Klima der Bodenoberfläche und der unteren Luftschicht in Mitteleuropa, Handbuch der Bodenlehre Bd. II S. 54—91. Herausgegeben von E. Blanck, Berlin 1929.
169 Schubert, J.: Maifröste u. Temperaturschichtung, Wind und Waldeinfluß. Ztschr. f. Meteorol. (1947) S. 298—302.
170 Schucht, F.: Das Wasser und seine Sedimente im Flutgebiet der Elbe. Jahrb. d. Pr. Geol. Landesanstalt Bd. 25 (1904) S. 431—465.
171 Schütte, H.: Alluvium des Jade-Weser-Gebietes. Oldenburg 1935.
171a Seemann, J.: Ein Beitrag zur allgemeinen Spätfrostgefährdung in Nordwestdeutschland, besonders für den Obstbau. Sonderdr. aus Zeitfragen der Baumschule Folge 7, Deutsche Gärtnerbörse, Aachen.
172 Seitzer, J.: Bodenpflege durch Bodenbedeckung, wirtschaftliche Klimameliorationen und andere Fragen des praktischen Obstbaues. Ber. d. Dtsch. Wetterdienstes in d. US-Zone Nr. 32 S. 42—43.
173 Siemens, G. von: Zur agrargeographischen Landschaftsgliederung. Am Beispiel des südlichen Bergischen Landes erläutert. Erdk. Bd. 3 (1949) S. 132—143.
174 Siemens, H. P.: Der Obstbau an der Niederelbe. Schriften der Wirtschaftswissenschaftlichen Gesellschaft zum Studium Niedersachsens E. V. Neue Folge Bd. 27, Hannover 1948.
175 Snell, K.: Zeitfragen des Pflanzenschutzes. Berlin 1949.
176 Speyer, W.: Die klimatischen u. parasitären Faktoren im Ursachenkomplex der Obst-Fehlernten an der Niederelbe. Arbeiten aus der Biol. Reichsanstalt f. Land- und Forstwissensch. Bd. 17 (1929) Heft 5.
177 Steubing, L.: Der Einfluß von Heckenanlagen auf den Taufall. Ber. d. Dtsch. Wetterdienstes in der US-Zone Nr. 32 S. 53—56.
178 Stocks, Th.: Das Flußgebiet der Pinnau. Eine landschaftskundliche Untersuchung aus Südholstein. Forschungen zur Dtsch. Landes- und Volkskunde. Nr. 24 (1926) S. 1—58.
179 Stocks, Th.: Beiträge zur Landschaftskunde des Pinnaugebietes im südwestlichen Holstein. Hamburg 1922.
180 Stremme, H.: Neue Bodenkarten. Ernähr. d. Pflanze 23 (1927) S. 129—132 u. S. 169—173.
181 Théthard, D.: Die landwirtschaftlichen Betriebsformen der Haseldorfer Marsch. Diss. Hamburg 1951.
181a Thiede, G.: Entwicklung und Standorte des Obstbaues in Schleswig-Holstein. Statistische Monatsh. 4. Jhrg. Heft 6 (1952) S. 199—204.
182 Thran, P.: Eine Methode zur quantitativen Erfassung der Zusammenhänge zwischen Wetterablauf und Ernteertrag. Ann. d. Meteorol. (1948) S. 326—328.
183 Thran, P.: Ertragssteigerung durch den Windschutz der Wallhecken in Schleswig-Holstein. Ber. d. Dtsch. Wetterdienstes in der US-Zone Nr. 32 S. 57—59.
184 Uhlig, S.: Die Untersuchung und Darstellung der Bodenfeuchte. Ber. d. Dtsch. Wetterdienstes in d. US-Zone Nr. 30.
185 Uhlig, S.: Die Darstellung der Wasserverhältnisse im Boden. Naturwissensch. Rundsch. (1951) S. 10.
186 Uhlig, S.: Die regionale Betrachtung der Bodenfeuchte. Ztschr. f. Pflanzenernähr., Düngung und Bodenkunde 100 (1951) S. 4—15.
187 Uhlig, S.: Die Untersuchung des Bodenwasserhaushalts durch den Deutschen Wetterdienst in der US-Zone. Meteorol. Rundsch. (1950) S. 158—162.
188 Uhlig, S.: Gedanken zur Auswertung der Bodenfeuchte-Bestimmungen. Ztschr. f. Acker- u. Pflanzenbau 93 (1951) S. 513.
189 Uliczny, W.: Einige Faktoren der Fruchtbildung bei unseren Obstgehölzen. Ceres (1949) Heft 2 S. 1.

190 Wagner, F.: Untersuchungen über den Geländeeinfluß auf die Windbeobachtungen im Bereich der Deutschen Bucht und des norddeutschen Flachlandes. Arch. d. Seewarte (1930) Nr. 7.
191 Waibel, L.: Probleme der Landwirtschaftsgeographie. Verhandlungen und wissensch. Abhandl. d.·25. Dtsch. Geographentages zu Bad Nauheim. Breslau 1935 S. 100—117.
192 Walter, F.: Zur Methode der karthographischen Darstellung in der Landwirtschaftsgeographie. Ernähr. d. Pflanze 29 (1933) S. 399—402.
193 Wartenberg, H.: Die Bodenverhältnisse der niederelbischen Marschen und ihre phytopathologische Bedeutung für den Obstbau. Arbeiten aus d. Biol. Reichsanstalt f. Land- u. Forstwissenschaft. Bd. 17 (1929) Heft 5.
194 Wauer, O.: Der Wasserbedarf und die Wasserversorgung der Obstbäume und der Unterfrüchte. Stuttgart 1933.
195 Weger, N.: Ertragssteigerung bei Nutzpflanzen durch künstliche Veränderung des Bestandsklimas. Ber. d. Dtsch. Wetterdienstes in d. US-Zone Nr. 32 S. 38—41.
196 Weger, N.: Die vorläufigen Ergebnisse der bei Geisenheim begonnenen kleinklimatischen Geländeaufnahmen. Meteorol. Rundsch. 1 (1948) S. 422.
197 Weger, N.: Die Frostschadenverhütung in der Landwirtschaft. Meteorol. Rundsch. 1 (1947) S. 29—38.
198 Weger, N., Herbst, W., u. Rudloff, C. F.: Witterung und Phänologie der Blühphase des Birnbaumes. Wissensch. Abhandl. des Reichsamtes f. Wetterdienst Bd. VII Nr. 1, Berlin 1940.
199 Weger, N.: Beiträge zur Frage der Beeinflussung des Bestandsklimas, des Bodenklimas und der Pflanzenentwicklung durch Spaliermauern und Bodenbedeckung. Berichte d. Dtsch. Wetterdienstes in d. US-Zone Nr. 28.
200 Weigt, E.: Schleswig-Holstein im Bilde neuer Kartenwerke. Peterm. Mitt. (1949) S. 36—41.
201 Weiß, E.: Der pfälzische Obstbau. Diss. Heidelberg 1937.
202 Weise, R.: Über die Rebe als Klimakriterium. Ber. d. Dtsch. Wetterdienstes in d. US-Zone. Nr. 12 S. 121—124.
203 Werth, A. J.: Windschutz eine wichtige Voraussetzung für den Obst- und Gemüsebau auf Moorböden. Wasser und Boden 1949 S. 171.
204 Werth, E.: Klima und Vegetationsentwicklung in Deutschland. Mitt. d. Biol. Reichsanst. f. Land- und Forstw. Heft 33 (1927).
204a Witt, W.: Der Landkreis Stade. Bremen 1951.
205 Witte, K.: Untersuchungen zur Frage der Frostabwehr durch Beregnung. Ber. d. Dtsch. Wetterdienstes in d. US-Zone Nr. 32 S. 77—78.
205a Woldstedt, P.: Norddeutschland und angrenzende Gebiete im Eiszeitalter. Stuttg. 1950.
206 Wolff, W.: Erdgeschichte und Bodenaufbau Schleswig-Holsteins. Hamburg 1919.
207 Zielke, W.: Untersuchungen über den Einfluß der Witterung auf die Ernten einiger Obstarten und Sorten. Gartenbauwissensch. (1929) S. 459—589.
208 Zühlke, K. A.: Die Entstehung und Nutzung der alten Marsch. Wasser und Boden (1950) S. 103—106.
208a Zunker, F.: Das Verhalten des Bodens zum Wasser. Handbuch der Bodenkunde Bd. VI S. 66—220. Herausgegeben von E. Blanck, Berlin 1930.
209 Statistisches Handbuch für Schleswig-Holstein. Kiel 1951.
210 Landesplanung in Schleswig-Holstein. Raumordnungsplan und Planungsgrundlagen. Kiel 1951.
211 Der erwerbsmäßige Gemüse-, Obst- und Gartenbau in Schleswig-Holstein. Übersicht über die Betriebsverhältnisse auf Grund der Gartenbauerhebung 1950. Statistik von Schl.-Holst. Heft 7 Kiel 1592.
212 Grundlagen der landwirtschaftlichen Erzeugung und des Marktes in Schleswig-Holstein. Wirtschaftsjahr 1951/52 1. Teil.
213 Die Bodenbenutzung im Bundesgebiet 1951. Stat. Monatsber. d. Bdminist. f. Ernährung, Landw. u. Forsten. Oktober 1951 S. 40.
214 Die Bodenbenutzung im Bundesgebiet 1938, 1948 und 1949. Agrarstatistische Arbeitsunterlagen f. d. Bundesgebiet über Bodennutzung, Ernten, Viehbestände. 1950 S. 1 u. 8.
215 Der Bestand an ertragsfähigen Obstbäumen im Jahre 1943. Wirtsch. u. Statistik. XXII (1943) S. 155—156.
216 Obstbaumzählung 1951. Sonderdienst d. Statist. Landesamtes Schleswig-Holstein. Herausgegeben 18. 7. 1952.
217 Hauptergebnisse der landwirtschaftlichen Betriebszählung vom 22. Mai 1949 im Bundesgebiet. Statistischer Monatsbericht d. Bundesministeriums f. Ernähr., Landwirtsch. und Forsten. Februar 1952 S. 68.

218 Die vorläufige Obsternte 1951 im Bundesgebiet. Statist. Monatsber. d. Bundesministeriums f. Ernähr., Landwirtsch. und Forsten. März 1952 S. 38.
219 Die vorläufige Obsternte 1951 im Bundesgebiet. Stat. Monatsber. d. Bundesministeriums f. Ernähr., Landwirtsch. und Forsten. November 1951 S. 40.
220 Ernteberich X Obst. Agrarstatistische Arbeitsunterlagen für das Bundesgebiet über Bodennutzung, Ernten, Viehbestände. 1950. S. 101. Bundesministerium f. Ernähr., Landw. u. Forsten.
221 Ernteberich: Die Obsternte im Bundesgebiet 1940/1944, 1948 und 1949. Agrarstatistische Arbeitsunterlagen f. d. Bundesgebiet über Bodennutzung, Ernten, Viehbestände. 1950 S. 53.
222 Der Absatz von Obst und Gemüse in den Gartenbaubetrieben. Wirtschaft und Statistik Jhrg. 3 (1951) Heft 11 S. 443.
223 Unzureichende Obst- und Gemüsedecke. Der Wirtschaftsspiegel Jahrgang 2 (1947) S. 268—273.
224 Gemüse- und Obstbau des Auslandes. Ceres (1948) Heft 12 S. 19.
225 Wochenübersicht vom 14.—20. 4. 1952. Meteorologisches Amt f. Nordwestdeutschland. Wetterkarte Jhrg. 5 Nr. 93.
226 Wochenübersicht vom 7.—13. 4. 1952. Meteorologisches Amt für Nordwestdeutschland, Wetterkarte Jhrg. 5 Nr. 85.
227 Klimakunde des Deutschen Reiches. Herausgegeben vom Reichsamt f. Wetterdienst Bd. II Tabellen Berlin 1939.
228 Ergebnisse phänologischer Beobachtungen im Deutschen Reich im Jahre 1936 bzw. 1937. Wissensch. Abhandlungen d. Reichsamtes f. Wetterdienst. Bd. IV 1938, Bd. VII 1940.
229 Preußische Geologische Landesaufnahme Karte 1:25 000 Gradabteilung 24 Nr. 20, Blatt Uetersen.
230 Die Großwetterlagen Mitteleuropas. Herausgegeben vom Deutschen Wetterdienst in der US-Zone Nr. 5 u. 10 (1951); Nr. 5 (1952).
231 Wetterkarten für Hamburg und Umgebung. Nr. 102 u. 127 (1952) Rückseiten. Herausgegeben vom Meteorologischen Amt für Nordwestdeutschland.

Die Literatur unter den Nummern 148, 149 und 150 konnte mir von keiner Seite mehr zugänglich gemacht werden.

FSC
www.fsc.org
MIX
Papier | Fördert
gute Waldnutzung
FSC® C083411

Zeitfracht Medien GmbH
Ferdinand-Jühlke-Straße 7
99095 Erfurt, Deutschland
produktsicherheit@kolibri360.de